U0257879

主　编　蒋　平
副主编　孙银霞

网络与信息安全问题研究

社会科学文献出版社
SSAP SOCIAL SCIENCES ACADEMIC PRESS (CHINA)

序

随着社会信息化的发展，以网络为平台的信息基础设施对整个社会的运行和发展起着越来越重要的作用。同时，网络空间面临的威胁也日益突出。网络上机密信息的泄露事件已屡见不鲜，以非法牟利为目的、利用计算机网络进行犯罪已经形成了一条黑色的地下产业链，对社会稳定、经济发展构成了严重的威胁。没有网络安全就没有国家安全，加强网络安全已经成为国家安全战略的重要组成部分。

研究小组相关作者自 1995 年以来，围绕网络安全、信息保密等方面展开了多方位的研究，相继开展了一系列讲座，并发表了一系列文章，现结集出版，意在向广大研究者和学术界提供一些目录性、连续性和渐进式的资料参考，也从一个侧面反映我国在相关领域的研究缩影。全书包括五部分内容：数据安全与取证、网络攻击与防范、下一代网络风险与对策、信息安全保密、个人信息保护。其中有些文章发表时间很早，观点略显陈旧，资料略显单薄，方法略显单一，但为了保持原貌，本次结集未做较大修改，请专家学者和各界人士批评指正。

编者

2017 年 6 月

目 录

数据安全与取证

这部分内容整理了有关数据安全与取证的研究成果，共收集了两篇文章：《数据集中与安全》《数字取证技术研究的现状和展望》。

第一篇文章介绍了数据集中的特点、优势，探讨了数据集中的安全隐患和安全对策。第二篇文章介绍了数字取证的概念以及取证技术的研究范围，详细阐述了取证技术的研究进展，并对取证工具的研制以及相关的行业标准和规范进行了分析研究。

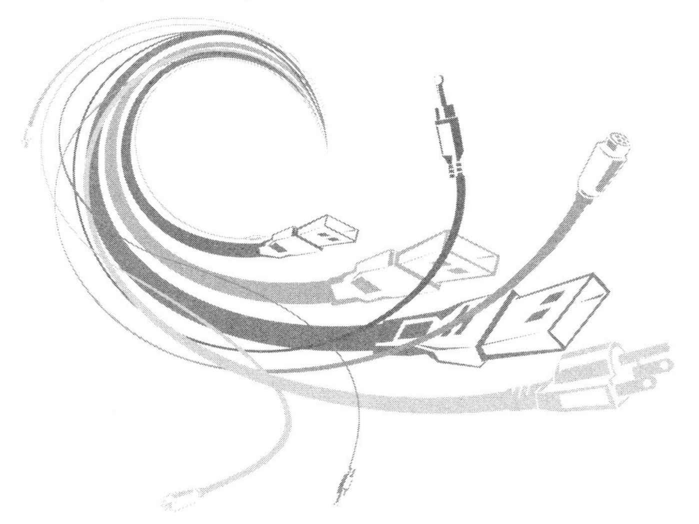

数据集中与安全

计算机信息管理系统的发展经历了集中－分布－再集中的发展阶段，二十世纪七八十年代，美国等发达国家在涉及全国性的基础建设领域、政府军队及各个行业部门建设信息系统时即采用这种集中模式，如国家犯罪信息中心（NCIC）等。二十世纪八十年代，由于个人计算机和网络的发展，一度出现了以客户工作站为中心的应用模式，二十世纪九十年代，随着中心服务器技术、数据库技术、网络技术、互联网技术等飞速发展，越来越多的行业意识到数据集中对于节约投资、方便管理、提高业务工作效率的重要意义。二十世纪九十年代末，我国银行业在信息化建设中率先采取数据大集中模式。近年来，这种信息化建设模式逐渐得到了整个 IT 行业的认可，与之相适应，数据大集中技术飞速发展，如存储区域网络技术（SAN）、集群技术（CLUSTER）及并行数据库技术等已非常成熟，系统建设成本也大大降低，我国很多行业和部门都相继开展了数据大集中的项目建设。但技术的发展往往是一把双刃剑，数据大集中在给信息化建设带来许多突破和活力的同时，也潜藏着一些问题，最为突出的是如何确保数据安全。本文就此问题发表一孔之见。

一　数据集中的特点与优势

（1）节约建设经费，降低维护成本。分散建设造成了重复建设、重复投资，而且随着对系统性能要求、安全性要求的不断提升，以及系统的不断升级换代，整个信息化建设在硬件设备方面的投资是相当惊人的。而数据集中虽然短时间内投资较大，但避免了重复建设，同时系统建设一步到位，数据备份、系统容灾等方面的设施完善，整个系统的性能和安全性大大提高，与相同档次的分散建设相比建设经费大大减少。同时，由于数据集中，管理人员和维护力量等可集中安排，避免搞小而全，而增加管理人员数量及维护经费开支等。

（2）为信息共享、数据整合和高水平、深层次的应用创造了便利条件。数据集中打破了各部门对数据的封锁，信息的共享不再受到业务部门本位主义的限制；数据的集中保证了数据的高度一致性，各种数据操作非常方便灵活。这些条件都非常有利于开展数据整合和高水平、深层次的信息化应用。

（3）提高了系统的可靠性和安全性。系统安全建设是信息化建设的一个重要组成部分，涉及网络安全、操作系统安全、数据安全和管理制度等方面，其中数据安全建设是核心。数据集中处理有利于制定各种安全管理制度，便于系统维护和系统访问控制，符合提高系统安全性的要求。同时数据集中便于实施相应的数据备份和系统容灾方案，数据安全性大大提升。

（4）减缓了各部门对技术人员的需求压力，业务部门可以集中精力完成自己的业务工作。目前，各行各业及其内部各业务部门对信息化工作都非常重视，并取得了一定的成效，但还存在着一定的差距。从整体来看，信息技术人员的供需矛盾还非常突出，采用数据集中策略可以充分发挥技术部门的优势，减缓了各业务部门对技术人员的需求压力，业务部门可以集中精力完成自己的业务工作。

（5）有利于开展数据挖掘和网上统计分析等工作。在现行数据分布存储的情况下，数据挖掘和网上统计分析很难开展，各基层单位的统计报表基本上由手工填写，基层单位常常为填写报表伤透脑筋，而且也很难保证统计数据的准确性。数据集中保证了信息中心拥有最新最全面的数据，可以很方便地开展数据挖掘和网上统计分析。

（6）有利于适应管理和业务工作“扁平化”模式发展需要。为提高管理和业务工作效率，建立“扁平化”工作模式日益成为各行各业适应现代社会发展需要的一个重要目标，而实现数据集中，减少中间环节，正是以信息为中心的业务工作“扁平化”的重要支撑。

二　数据集中产生的问题和隐患

数据集中处理策略在带来许多优势的同时也产生了一些问题，造成了许多隐患。随着数据的大集中，信息技术风险大大增加，对技术、业务和生产运营的统一规范管理提出了更多更高的要求，对软件开发和系统运行的质量要求大大提高，对数据安全和灾备的保障要求更是刻不容缓。

（1）中心服务器的压力大大增加，对于数据量较大的单位，选用性能一般的服务器可能无法承担集中处理带来的压力。随着应用规模的扩大，对中心服务器的配置要求会越来越高。

（2）中心的网络压力大大增加，有可能造成网络的堵塞。随着今后应用规模的不断扩大，图像、视频等大数据传输将对网络产生压力，当所有的压力集中到中心这一点时，就可能造成中心的网络堵塞。

（3）中心数据库的压力大大增加，如果处理不当，有可能数据库性能骤减，甚至无法使用。由于数据量和并发用户数的骤然增加，中心数据库承担了巨大压力，因此如何保证中心数据库的处理性能至关重要。这就要求数据库管理人员能够根据要求在数据库设计、维护方面尽量优化，提高性能，同时在应用模式上采用中间件技术和三层架构（即数据库服务器、应用服务器、客户工作站），实现负载均衡，提高并发处理能力。如果仍然使用原有的一些老应用系统，由于体系结构，如采用 Client/Server 二层体系结构，在大规模应用时会直接对数据库产生巨大压力，同时数据库服务器过于暴露，安全性受到影响。此外，数据库结构设计时使用不当的数据类型和存储方案也很可能导致数据库性能降低。

（4）对应用软件开发质量的要求大大提高，一些不成熟的应用软件可能对中心服务器的性能产生巨大影响，导致其他系统无法正常运行。多个应用在大集中数据库系统中运行，就很可能发生一个应用出现问题，其他的应用也就受到了影响。例如，如果某个应用系统在数据库设计时性能没有调整好，或者其应用程序的 SQL 语句没有注意优化，处理效率低，就可能造成整个数据库性能骤减，甚至无法使用。

（5）系统安全管理压力加大。安全的威胁主要来自以下几方面：①系统自身软硬件故障造成的不能正常工作和数据丢失。②自然灾害和客观环境的影响。③计算机病毒感染、恶意破坏和攻击。④信息保密需求，以及访问控制和管理。⑤内部人员滥用权利、越权访问机密信息或篡改数据。为此，信息中心的责任重大，数据丢失、涉密信息外泄或数据被非法修改可能导致责任追究。信息中心必须加强安全技术保障，规范管理制度，强化督促检查，严禁无关人员随意出入中心机房，加强物理运行环境监控，坚决防止火灾等灾难发生。

三　数据集中的安全对策

针对上述存在的问题，本文提出相应对策以消除或减轻问题的危害：

（1）在选择服务器时，对服务器的性能要求进行较好的测算，选择满足当前和今后一段时期应用要求的服务器，可以采用集群技术，达到热切换和负载均衡的要求。

（2）为避免网络压力过大，一方面在信息中心需要提高网络交换能力，可以通过建设冗余的具有第三层交换能力的局域网核心，主要服务器主机、存储设备通过光纤千兆网卡连入中心交换机，保证核心系统无单点故障；另一方面，可以考虑建立分中心，将视频等应用分流，减轻网络压力，同时两个中心可以互做容灾备份。

（3）做好数据库的性能监视和性能调整，注意应用程序在操作数据库时的优化工作。

（4）注重软件的开发质量，增加开发测试平台，通过对应用系统的整合减少应用系统，对每个应用系统尽可能先采用单独服务器进行测试运行，待相对稳定成熟后，再移入中心服务器。

（5）对老系统进行改造，通过采用中间件技术和三层体系架构减轻数据库服务器的压力并提升数据库的安全性，同时将原有老系统数据库设计中可能影响性能的数据定义进行升级，进行必要的表空间存储调整，提升数据库的性能。

（6）加强安全管理，建立安全管理保障模型。系统安全管理模型如图 1 所示。

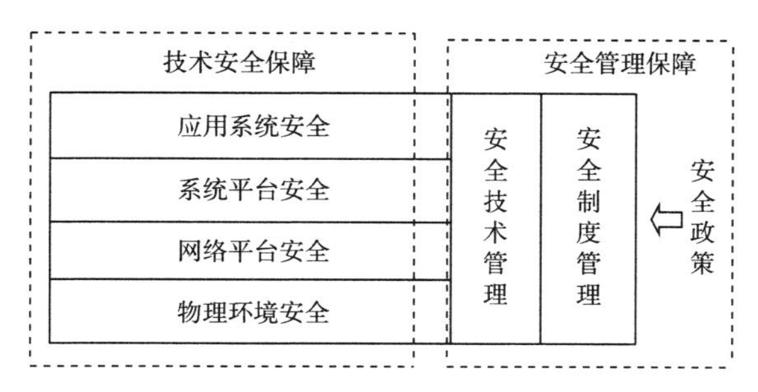

图 1　系统安全管理模型

系统的技术安全主要是针对系统本身的物理的、技术性的安全手段和措施。安全管理是各项安全措施能够有效发挥作用的保证。安全管理的内容可以分成安全技术管理和安全制度管理两部分。安全技术管理包括安全服务的激活和关闭、安全相关参数的分发与更新（如密钥管理等）、安全相关事件的收集与告警等。在安全管理中，安全政策是制定安全方案和各项管理制度的依据。安全政策是有一定的生命周期的，一般要经历风险分析、安全政策制定、安全方案和管理制度的实施、安全审计和评估四个阶段。为此重点要做好以下几方面的安全防范和保障：

（a）做好系统的安全管理。使用防病毒系统和入侵监测系统，提升系统的安全性，并做好对操作系统、应用系统和数据的备份工作及有关系统安全补丁工作。

（b）做好数据库安全管理。为应用系统创建用户时要合理授权，日常操作数据的用户只能拥有满足其工作需要的权限而不能拥有过高权限（如删除工作表的权限等）。如使用 Oracle 数据库时，系统缺省的 internal、sys、system 等用户的口令在系统安装后必须立即修改。数据库管理员必须具备全面的数据库管理知识和细致负责的工作作风，做好数据库的日常管理工作，并制定完善的数据备份策略，切实保证数据的安全。

（c）加强数据访问的审计，监控可疑行为，建立不可抵赖性的数据访问日志，在发现问题时有据可查。建立数据丢失、涉密信息外泄或数据被非法修改责任追究制。

（d）加强系统访问用户和角色的权限设置，建立基于 PKI 体系的安全认证中心。

（e）加强信息中心机房的安全管理，设立门禁、监控系统，防止无关人员进入，强化内部人员的责任感，建立和落实各项安全管理制度。

（f）严格数据备份制度，确保数据安全。通过磁带库每天进行数据备份，或进行数据异地存放，实施系统及数据级容灾方案都可以将安全风险降低。每天进行磁带备份并将磁带存放在异地，可以保证在最糟糕的情况下一天前的数据得以保留；如果实施了容灾方案，如采用 SAN 存储阵列技术，实现底层数据镜像，可以将信息中心的数据同步复制到备份中心的阵列中，如果备份中心配备一定的主机设备，即便是在最糟糕的情况下，备份中心也可以很快接替信息中心的工作。

（g）合理调配和使用硬件系统资源。各个应用系统的数据库应当尽可能分开，即便是多个应用系统合用一台数据库服务器，也应当在这个服务器上建立多个数据库实例，各应用系统使用自己的数据库实例，同时数据库采用归档模式，根据备份策略进行日常数据备份。一旦出现数据被批量错误删除、修改的现象，可以根据备份数据和重做日志文件对该数据库进行恢复，将损失降至最低。

通过上面的分析可以看出，为减轻数据集中带来的风险和压力，在实施数据集中计划之前，我们必须很好地预见各种可能发生的情况，切实做好方案设计和人才培养；一旦实施了数据集中计划，必须切实落实好安全管理模型的各项工作，认真做好系统和数据的备份工作，不能有丝毫的麻痹和松懈思想；在条件允许的情况下，建立异地容灾备份中心也是降低风险的好办法，同时备份中心可以承担一部分应用，减轻信息中心的网络压力，信息中心和备份中心可以互做容灾备份。

四　结束语

数据集中代表了目前信息化发展的一种潮流和趋势，它为信息化建设带来了诸多便利，但我们也要清醒地看到：数据大集中给我们带来了巨大的风险和压力。如何预见到这些风险，并采取相应对策规避或降低风险是每个信息主管人员的职责。通过前面的论述，我们可以看到：数据集中带来的安全问题涉及各个层面，必须制定完整的安全策略，加强安全技术保障系统建设，建立完善的安全管理运行保障机制，保持一支高素质的人才管理队伍，建立各项应急工作预案，健全各项安全管理规章制度，同时要清醒地认识到安全的相对性，必须把其当作一项长期性的艰巨任务来抓，根据各类技术应用的发展，及时加强和调整各项安全策略，确保数据集中后，各应用系统安全可靠地运行，充分发挥数据集中所带来的作用和优势。

参考文献

洪崎：《数据集中与数据挖掘》，《中国金融电脑》，2002 年第 10 期。

戚红：《分布与集中式数据库结构利弊分析及相应解决方案》，《计算机时代》，2002 年第 9 期。

张军平、沈安文：《一种高效安全的银行数据存储系统研究》，《三峡大学学报》（自然科学版），2002 年第 5 期。

胡维浩：《浅谈数据中心的安全运行管理》，《华南金融电脑》，2002 年第 10 期。

（作者：蒋平，本文原载于《中国公共安全》2003 年第 5 期）

数字取证技术研究的现状和展望

一　概述

目前，关于数字取证的概念较多，其中较为典型的有以下几种。

数字取证（Digital Forensics）：是指为了促进对犯罪过程的再构，或者预见有预谋的破坏性的未授权行为，通过使用科学的、被证实的方法，对源于数字资源的数字证据进行保存、收集、确认、识别、分析、解释、归档和陈述等活动的过程。

网络取证（Network Forensics）：是指为了揭示与阴谋相关的事实，或者为了成功地检测出那些意在破坏、误用或危及系统构成的未授权行为，使用科学的技术，对来自各种活动事件和传输实体的数字证据进行收集、融和、识别、检查、关联、分析和归档等活动的过程。

计算机取证（Cyber Forensics/Computer Forensics）：是指对科学地收集、处理、解释和利用数字证据的方法进行探究和应用，为攻击后关键设施信息复原提供所有计算机攻击活动的决定性描述，或者关联、解释和预测各类敌对活动以及其对计划中的操作的影响，或者使数字数据成为犯罪调查过程中有说服力的证据。

在理论体系方面，数字取证研究尚未形成完整的体系，但从原理的角度看，数字取证应具有如下特征：

理论性：具有核心原理体系，能描述问题的本质。

抽象性：具备超越直观客体的模型。

实践性：具备系统的技术、工具和方法。

完备性：具有完善的文献资料库和专业的实践案例库。

可信性：结论具有实用性和目的性。

国内数字取证的研究与实践相对而言尚在起步阶段，数字取证的相关研究还没有深入开展。许榕生等撰文指出计算机取证的一般过程包括识别证据、传输证据、保存证据、分析证据和提交证据等阶段。在取证工具的相关研究方面，许榕生、卿斯汉、钱华林等分别对目前国外的主流取证工具做了介绍。目前，国内在取证工具测试标准、取证规范等方面的研究还是空白，对数字证据的可信性问题还未见有深入的剖析。

二　取证技术的研究范围

根据 DFRWS 框架，取证技术可以分成如下六大类：

（1）识别类（Identification Class）：判定可能与断言（Allegation）或与突发事件时间相关的项目（Items）、成分（Components）和数据。该类技术协助取证人员获知某事件发生的可能途径。其中可能使用到的典型技术有事件/犯罪检测（Event/Crime Detection）、签名处理（Resolve Signature）、配置检测（Profile Detection）、误用检测（Anomalous Detection）、系统监视（System Monitoring）以及审计分析（Audit Analysis）等。

（2）保存类（Preservation Class）：保证证据状态的完整性。该类技术处理那些与证据管理相关的元素。其中可能使用到的典型技术有镜像技术（Imaging Technologies）、证据监督链（Chain of Custody）以及时间同步（Time Synch）等。

（3）收集类（Collection Class）：提取（Extracting）或捕获（Harvesting）突发事件的项（Items）及其属性（或特征）。该类技术与调查人员为在数字环境下获取证据而使用的特殊方法和产品相关。典型技术有复制软件、无损压缩以及数据恢复等。

（4）检查类（Examination Class）：对突发事件的项（Items）及其属性（或特征）进行仔细的检查。该类技术与证据发现和提取相关，但不涉及从证据中得出结论。收集技术涉及收集那些可能含有证据的数据，如计算机介质的镜像，而检查技术则对那些收集来的数据进行检查并从中识别和提取可能的证据。典型技术有追踪（Traceability）、过滤技术（Filtering Techniques）、模式匹配（Pattern Matching）、隐藏数据发现（Hidden Data Discovery）以及隐藏数据提取（Hidden Data Extraction）等。

（5）分析类（Analysis Class）：为了获得结论而对数字证据进行融合、关联和同化。该类技术涉及对收集、发现和提取的证据进行分析。典型技术有追踪（Traceability）、统计分析（Statistical）、协议分析（Protocols）、数据挖掘（Data Mining）、时间链分析（Timeline）以及关联（Link）等。必须注意，对潜在证据进行分析的过程中所使用的技术的有效性（Validity）将直接影响到结论的有效性以及据之构建的证据链的证据能力（Credibility）。

（6）呈堂类（Presentation Class）：客观、有条不紊、清晰、准确地报告事实。该类技术涉及将结论提交给法庭的规范。

三　取证技术研究进展

（一）证据识别技术研究

1. 基于专家系统的证据识别

泰伊·斯托拉德（Tye Stallard）等人构建了一个带有决策树

的专家系统，该系统利用冗余数据对象之间的预置相同关系来检测语义歧化（Incongruities）。通过分析来自主机或网络的数据并搜寻已知数据关系的入侵集，可以自动发现入侵者试图隐藏其证据或做未授权改变的行为。该系统自动发现相关证据，有助于取证人员对证据的快速定位。

2. 基于套接令牌协议的证据识别

布赖恩·卡里尔（Brian Carrier）等设计了一个叫作套接令牌协议的新协议，用于辅助对基于网络的恶意活动进行的取证调查，追踪身份伪装者的真正来源。在 DDoS 攻击中，攻击者往往俘获一系列主机，待攻击链形成，便由链的终端发起攻击。布赖恩·卡里尔在原有确认协议的基础上，做了如下改进：一开始将递归请求发送至链接链路上的前端主机，最后返回连接信息的杂凑值（作为令牌），从该令牌信息可获知链接链路信息。

（二）证据保存技术研究

计算机取证工作的难点之一是证明取证人员所搜集到的证据没有被修改过，而计算机证据又恰恰具有易损毁的特点。例如，腐蚀、强磁场作用、人为的破坏等都会造成原始证据的改变和消失。所以，取证过程应注重采取保护证据的措施。例如，可以采用形成证据监督链的方法。监督链是用于维系样本以及把样本按照历史时间进行归档的过程（归档包括个别收集样本的姓名或初始信息、样本收集或调动的时间、负责人、样本数目以及样本的详细描述等）。时间戳对于收集和保存数字证据非常有效，它是对数字对象进行登记来提供注册后特定事物存在于特定日子的时间和证据。它表明了数字证据在特定的时间和日期里是存在的，并且从该时刻到出庭这段时间里不曾被修改过。

（三）证据收集技术研究

1. NFAT 中的网络数据收集理念

维卡·科里（Vicka Corey）等研发的 NFAT（Network Forensics Analysis Tools），特别考虑在网络中其通信相关性、数据完整性和包采集率。

（1）性能上考虑：对于不同网络的 NFAT，要维持网络通信的完整记录，其难易程度不同。由于典型的 10Mbit 以太网集线器在一个特定的物理段的子网发送所有的数据，这样要进行网络采集就很容易。但是对于交换网，要想在一个端口就截获某一物理段的所有数据包就不一定容易实现。

（2）数据包采集率：关系到最终采集的信息是否完整地记录了网络的通信。

（3）数据完整性：其复杂之处在于 NFAT 不参与其所监视的网络通信。因此在 TCP 连接中，如果连在一端的机器丢失了一个数据包，那么另一端的机器可以将该数据包再发过来，但是如果 NFAT 丢失了数据包，它不可能再次得到。

因此，当网络通信饱和时，要求采集接口不丢包。当将采集到的通信写到盘上时，要求系统总线和存储系统能够跟上网速。存储容量的大小关系到取证分析能容纳多长时间的网络历史记录。

维卡·科里等指出，在某些情况下，NFAT 可通过在其采集网络通信时使用一个过滤器来减少无关流量。这可以减少存储或性能方面的负担。但是要付出如下代价：NFAT 丢弃的数据包越多，保存记录的时间越长，但是取证分析的搜索范围越小。

2. 利用证据链模型来改进证据采集

阿蒂夫·艾哈迈德（Atif Ahmad）的证据链模型阐明某个内部人员对局域网造成恶意损坏的操作离散集。操作集的组与其余组的操作是不同的，按照各自运行的权限值，每组操作有一些相应的证据源相对应，这些证据负责记录取证意图的活动。但是每个此类证据源必须与其相邻日志记录相关联以形成完整的证据链（图1）。

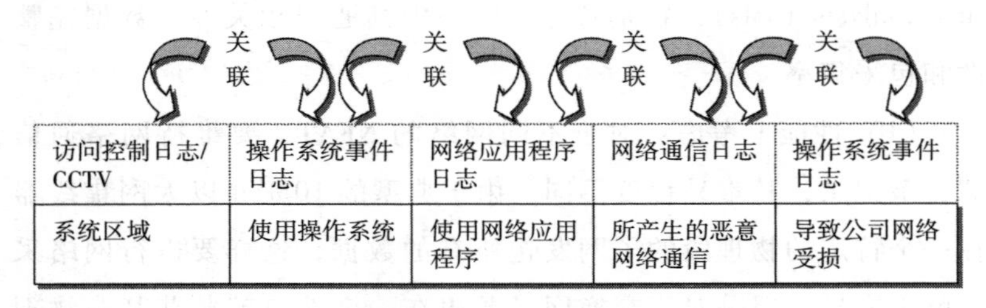

图1　关联的证据链

如图1所示，证据链开始于执行恶意操作的物理访问。此阶段中物理识别与计算机识别发生至关重要的关联。所注视的入侵必须是在进行计算机登录后利用某个网络工具来对远程系统实施恶意攻击。由该网络应用程序所产生的网络通信到达某个远程计算机并实施了入侵行为。

如图1所示，每个日志间的关联对整个证据链的建立是非常重要的。各关联过程中最关键的一个因素是时间链的真实性（the Authenticity of Time Line）。如果任何一个关联的时间的准确性受到质疑，那么就会导致整个证据链失效。

此模型中其他重要的因素还有屏幕识别、识别事件日志中的个体、操作系统的配置问题、CCTV等监控记录的清晰度、用户使用网络应用程序情况是否被精确记录等。

此模型中的一个弱关联是网络应用程序与它们所产生的通信之间的交互关系。通常在操作系统日志中并没有足够的信息来判断到底网络通信是直接由用户发起还是由某些诸如在后台运行的应用程序所产生。

以往的事件日志处理强调观察记录以及探究其他诸如“谁”

“干什么”“在哪里”和“在什么时间”等基本问题的重要性。该模型注重证据链收集，而非一味地保存证据关联而不管它们在分析时有用与否。模型清晰地定义了证据收集的最小区域范围，而且强调了融入一些关键因素，如每次关联的时间准确性、CCTV 画面质量、操作系统日志中的用户鉴定等。

该模型的局限性在于缺乏涵盖操作系统/网络应用程序/网络的事件日志系统（Event Logging System）的支持。此外，保存某个用户与某个目标文件相关操作的日志可能依赖于该文件的具体内容。如果该行动是一次修改攻击（Modification Attack），且在攻击发生前后没有保存其内容，该证据链就建立不起来。另外，还要预防日志本身以及其他诸如时序（Timing）、安全子系统等所有关键信息来源受到完整性攻击。

（四）证据检查技术研究

信息隐藏技术（如隐写术和数字水印）正在逐渐地受到关注，其中的一个原因是要保护视频、图像和音频的版权。该技术也用于军事、智能通信、隐蔽犯罪通信等。随着数据隐藏新技术的出现，许多用于检测这些隐藏信息的技术也应运而生。信息可以嵌入到数字图像当中，而人眼对其是察觉不到的。而这些信息的嵌入从根本上改变了原有图像的统计。为了检测这些隐藏的信息，哈尼·法瑞德（Hany Farid）提出了一种基于多维分解统计的模型。该模型包括了基本的系数统计，以及从理想线性系数中得来的误差统计。与以往的用检查亮度或转换系数的优先顺序（First - Order）统计分类法不同，该模型基于为正常图像构建更高顺序（Higher - Order）的统计模型来寻找违背该模型的数据。这种更高顺序的统计用于获取正常图像的属性，而且更重要的是当信息被嵌入到图像中后，这种统计会明显地被改变。根据此种办法，可以在一定合理的精度范围内检测出隐藏在数字图像里的信息。

（五）证据分析技术研究

1. 网络通信内容的分层解析

因为大部分网络通信是机器间的双向会话。通过将这些数据进行会话组织，使得网络通信中的会话得到分离配对，进而逐层分析协议和内容。以往的人工协议分析是通过先运行 Tcp Dump 来收集网络通信，然后通过 Strings 操作将文本从网络数据中提取出来，最后用 GREP 在已复原字符串中搜寻单词或词组。通过这种方式，若按字符串“get”搜索，可能发现网络 WEB 通信的大量信息。一个含“quit”字符串的会话可能是一次 FTP 控制对话，也可能是一个 POP3（Post Office Protocal）会话，也可能是一个 NNTP（Network News Transfer Protocal）会话。如果含有字符串“Privmsg”，它很可能是 IRC（Internet Relay Chat）会话。运行在端口 23 处含有 IACs（Interpret - as - Command sequence）的连接很可能是 Telnet，但是运行在该端口处含有“YMSG”字符串和很多“C080”记录分割串的会话更可能是 Yahoo Messenger。一旦研究人员识别出一个或更多的感兴趣会话，那么就能够在一个合适的过滤器的帮助下，通过运行 Tcp Dump，将这些网络对话内容提取出来。

维卡·阔瑞（Vicka Corey）等探讨了发现此类信息的另一种更有效的方法，即对这些经过会话组织的通信进行专家系统分析。专家系统使用通信内容的已知特性来进行识别，从某个协议层的角度分析数据，不仅估计出单独连接的内容，还对它们进行相互的关联。某个 HTTP 连接可能是由另外一次连接上获得的 HTML 文件发起的图像数据传输。相反，某个 HTTP GET 有可能是来自某个代理软件（如 Gnutella）下载某个文件的请求，遂与 Gnutella 的控制会话（Session）关联。

2. 通过相关特征分析推断

阿甘·凯西（Eoghan Casey）通过对大量案例的分析，归纳出如下几点：

（1）为了准确地评估某个事件的重要性以及潜在影响，需要理解入侵者的技术能力、对目标的了解情况及攻击意图。

（2）数字证据可能以下列三种方式反映出入侵者的能力水平、意图和对目标的知晓情况：

网络日志可能揭示出入侵前的网络扫描，暗示某人正搜索网络，以获取系统脆弱性或价值性。该搜索活动暗示这个人并没有多少关于该网络的先验知识，甚至可能不知道他要找什么东西，而仅仅是看看。

对攻击目标有所了解的入侵者会发起集中和复杂的攻击。如某个入侵者只是瞄准网络中的金融系统，这就暗示入侵者只对该组织的金融信息感兴趣，而且知道它在哪里。

对目标文件系统的时间戳进行分析可以显示出入侵者定位系统中的目标信息花费多少时间。比如，一个短的时间片表明入侵者已经知道数据在什么地方，相反则知之甚少。

3. 加密证据的分析技术

阿甘·凯西总结了复原加密文件和加密通信的技术方法。

复原加密的文件：

（1）找寻数据的未加密副本。

数据在加密之前，是以未加密的形式存在于磁盘或 RAM（随机存取存储器）中。

（a）在磁盘中找寻关键特征数据，可能发现在初始搜寻阶段没有找到的有用信息。

（b）在 RAM 中可能找到数据的未加密副本，这是由加密程序运行的自然特性所决定的。

（2）获取加密口令。

（a）在系统周围搜寻是否有记录口令的纸张。

（b）从嫌疑人用于保护其他个人信息（如 E - mail 或 PDA）的密钥来获悉，因为人们往往将同一密钥用作多种用途。

（c）利用 Memory Dump 可能揭示出与密钥相关信息。

（d）搜寻磁盘以获取口令，如利用 Access Data 的 Forensic Toolkit（FTK）。

（e）利用软件或硬件来监视用户的操作。

当将 Key Ghost 和 Key Catcher 等硬件设备连到 CPU 和键盘时，它们能记录击键操作。

Spector Pro（商业）和 Sub Seven、Back Orifice（免费）等软件都能记录击键、抓捕屏幕和远程文件获取。

（f）口令猜测。

人工猜：排列、置换。

自动猜：利用如 Access Data 软件的 PRT（Password Recovery Toolkit），该工具箱能够利用字典，通过做可疑配置以及这些字符之间的多种联系来产生可能的口令。

复原加密的网络通信：

（a）尝试强力密钥攻击。

（b）在通信通道的末端搜寻未加密的数据，如 IP 电话的两端、邮件收发的两端、无线局域网 WAP WTLS 网关或 WEB 服务器、移动交换中心 MSC（Mobile Switching Center）等处的信息都是未加密的。

4. 证据的时间链分析

切特·霍斯莫（Chet Hosmer）提出数据证据时间链分析方法，将来自计算机、计算机网络、串行设备、备份介质或服务器等各类设备上的与犯罪相关的数字证据（如文件、E - mail、登录/退出日志、网络访问等）与所有事件发生的时间相关联，进一步与外部物理证据（如带有可鉴指纹的数字证据纸质副本等）相关联，组成与犯罪活动相关的完整事件时序图。

5. **动态时间戳分析**

麦克·威尔（Michael C. Weil）所提出的动态日期时间戳分析方法基于外部时间和日期戳，用于鉴定某个系统的实际日期和时间。当不可获取系统时间或者系统时间被多次恶意修改时，该方法是极其有用的。

由于计算机 CMOS 的局限性，如果主体不止一次被修改了系统日期和时间，那么就破坏了日期时间的统一性，使得时间的校准在时间轴上是个孤立点。因此在取证活动期间无法考虑从 CMOS 中获取日期、时间。针对这一问题，该文提出如下分析方法：

在 Internet Cache 目录中识别那些含有日期或时间的文件。如果可能的话，识别出日期或时间的时区。

保存所有含有有用的日期或时间戳的文件。

将相关信息输入一张表中。相关信息包括：路径、文件名、MAC 时间以及查看日期和时间。

将所有观察日期和时间统一转化为主体的计算机所设置的时区。

如果 MAC 时间比查看日期和时间大，那么从 MAC 时间中减掉查看日期和时间，得一差值，用黑色记录。这表明某主体的计算机比实际时间快。

如果查看日期和时间比 MAC 时间大，那么从查看日期和时间中减掉 MAC 时间，得一差值，用红色记录。这表明某主体的计算机比实际时间慢。

计算日期和时间的范围。如果差异范围很小，那么就可以估计了（比如某文件在 12：25PM 至 12：30PM 间创建）。

如果时间/日期差异跨度太大，那么必须使用统计模型才能得出结论。

（六）证据呈堂技术研究

呈堂即提交，是对目标计算机系统进行全面分析后做出的分析结论。包括系统的整体情况，发现的文件结构，数据，作者的信息，对信息的任何隐藏、删除、保护、加密企图以及在调查中发现的其他相关信息。表明提取时间、地点、机器、提取人及见证人等，然后以证据的形式按照合法的程序提交给司法机关。此过程纯技术因素较少，典型的程序环节有归档（Documentation）、专家证明（Expert Testimony）、负面影响陈述（Mission Impact Statement）、建议应对措施（Recommended Countermeasure）以及统计性解释（Statistical Interpretation）等。

四 取证工具的研究状况

（一）取证工具的类型

计算机取证工具按其功能可分为单一功能型和多功能型。其中，单一功能型又可分为以下几类：

1. 识别类

CD - ROM：使用 CD - R Diagnostics 可以看到在一般情况下看不到的数据。

Aco Disk：CD 复原工具。

Dt Search：它是一个用于文本搜索的工具，特别是具有搜索 Outlook 的 . pst 文件的能力。

2. 保存类

File List：磁盘目录工具，用来建立用户在该系统上的行为时间表。

NTI－DOC：一种文件程序，用于记录文件的日期、时间以及属性。

Seized：一种用于对证据计算机上锁及保护的程序。

3. 收集类

Get Slack：一种周围环境数据收集工具，用于捕获分配的数据。

Get File：一种周围环境数据收集工具，用于捕获分散的文件。

Get Free：收集所有可访问磁盘空间的数据，并将其存入一个单独的地方，供其他工具进一步对该空间做分析。

4. 检查类

Quick View Plus：该工具是专门用来查看数据文件的阅读工具。只用于查看而没有编辑和恢复功能，因而较小并可以防止证据的破坏。它可以识别200种以上文件类型，可以浏览各种电子邮件文档。比起Word Perfect的频繁转换要方便得多。Conversion Plus可以用于在Windows系统下浏览Macintosh文件。

Thumbs Plus：是一种图片检查工具，可以全面进行图片的检查。

CRCMD5：用于比较文件的副本和原文件是否相同的软件。它比较文件的内容并产生一个杂凑值，如果杂凑值相等，那么文件副本与原文件是相同的。

Disk Sig：CRC程序，用于验证映像备份的精确性。

Filter_we：一种用于周围环境数据的智能模糊逻辑过滤器。

Text Search Plus：用来定位文本或图形文件中的字符串的工具。

5. 分析类

Show FL：用于分析文件输出清单程序。

6. **呈堂类**

许多呈堂类工具不仅仅提供呈堂、提交的作用，而且有分析、检查、收集等功能。如 P Table，它是用于分析及证明磁盘驱动器分区的工具；Net Threat Analyzer 用于识别互联网历史活动，检查 Windows 交换文件，并展示浏览器最近活动证据。

多功能型取证工具有如下几类：

1. **收集、分析类**

Forensic X 是一个以收集数据及分析数据为主要目的的工具。该工具拥有以只读的方式在不同的文件系统里自动装配映像的能力，可以防止因疏忽而造成的更改。一旦文件系统或映像被装配，侦查人员就可以对简单的字符串进行搜索，或者也可以运行更复杂的模糊搜索。Forensic X 包含许多插件，可以进行不同类型的搜索。此外，Forensic X 还可以对 Unix 系统可能存在的漏洞进行检查，也能建立一个文件系统的基线图，存储哈希值和文件名，然后将基线同其他文件系统的映像做比较。这种特点可以用于分析 Unix 系统的映像，例如，看它是否包含了木马程序。

2. **识别、检查、呈堂类**

Forensics Toolkit 是一系列基于命令行的工具，可以帮助推断 Windows NT 文件系统中的访问行为。这些程序包括的命令有：Afind（根据最后访问时间给出文件列表，而这并不改变目录的访问时间）、Hfind（扫描磁盘中有隐藏属性的文件）、Sfind（扫描整个磁盘，寻找隐藏的数据流）、File Stat（报告所有单独文件的属性）、NT Last（提供标准的 GUI 事件浏览器之外对每一个会话都记录了登录及退出时间，并且它能够指出登录是远程的还是本地的）。

3. **识别、收集、检查、分析、呈堂类**

TCT（The Coroner's Toolkit）具有强大的调查能力，它由一组工具组成。其中的 Grove - Robber 可以收集大量正在运行的进程、网络连接以及硬盘驱动器方面的信息。数据基本上以挥发性顺序收集，收集所有的数据是个很缓慢的过程，要花上几个小时。TCT 还包括数据恢复和浏览工具 Unrm & Lazarus、获取 MAC 时间的工具 Mactime。另外，还包括一些小工具，如 Ils（用来显示被删除的索引节点的原始资料）、Icat（用于取得特定的索引节点对应的文件的内容）等。

4. 全功能类

En Case 是用 C + + 编写的容量大约为 1M 的程序，它将硬盘中的文件镜像成只读的证据文件，这样可以防止调查人员修改数据而使其成为无效的证据。为了确保镜像数据与原始数据相同，En Case 会比较两次计算的 CRC 校验码和 MD5 哈希值。En Case 对硬盘驱动镜像后重新组织文件结构，采用 Windows GUI 显示文件的内容，左边是 Case 文件的目录结构，右边是用户访问目录的证据文件的列表，允许调查人员使用多个工具完成多个任务。在检查一个硬盘驱动时，En Case 可以深入操作系统底层查看所有的数据，包括 Files Lack、未分配的磁盘空间和 Windows 交换分区的数据。En Case 可以由多种标准如时间戳或文件扩展名来排序。此外，En Case 可以比较已知扩展名的文件签名，使得调查人员能够确定用户是否通过改变文件扩展名来隐藏证据。对调查结果可以采用 html 或文本方式显示，并可打印出来。

最近，又有一些新的数字取证工具，如 Svein Yngvar Willassen 利用 Sim - Manager Pro、Chip - It、PDU - Spy、Sim - Scan 和 Cards4 Labs 等取证工具对 GSM 移动电话系统的取证做了研究。在 2002 年 FIRST 年会上，Joe Grand 介绍了对手持式操作系统设备进行取证的工具 PDD。又如 Frank Adelstein 介绍了新的远程网络取证工具 MFP（Mobile Forensic Platform），取证人员可以利用该工具在远程系统中收集证据，通过对原始证据（用加密的杂凑进行保护）的副本做各种分析，以决定调查的下一步操作（如捕获该机器、进行测试或查看其他内容等)。它们的效果还有待于实践的进一步证实。

(二) 取证工具的特点

在实际的取证工作中，所用到的取证工具大多选用集成型功能完备的综合取证工具，如 En Case、TCT (The Coroner's Toolkit)、NTI (New Technologies Incorporated)、Forensi X、FTK (Forensic Toolkit) 等。每种工具的开发环境、开发技术和应用目的等因素的不同，势必使各取证工具的特点上存在着差异。

Guidance Software 的 EnCase 取证解决方案是国际领先的得到法院认可的计算机调查取证的工具，是目前使用最为广泛的计算机取证工具，至少超过 2000 家的法律执行部门在使用它。它是用C++编写的容量大约为 1M 的程序，它能调查 Windows、Macintosh、Linux、Unix 或 DOS 系统机器的硬盘。它可以读取任何 IDE (智能磁盘设备) 和 SCSI (小型计算机系统接口) 的硬盘驱动器，并为证据文件额外保存磁盘的快照。

TCT 是 Earthlink 网络的丹·法默 (Dan Farmer) 和 IBM 公司的瓦提·维尼玛 (Wietse Venema) 研究员为了协助计算机取证而设计的工具包，它用 C 和 Perl 语言编写，主要用来调查被攻击的 Unix 主机，它所提供的强大调查能力无与伦比。适用的操作系统包括 Solaris、Sun OS、Free BSD、Linux、BSD/OS 和 Open BSD。TCT 是一款免费的取证工具，其源代码开放。TCT 必须在被调查的主机上运行，虽然这一事实本身可能被看作是对证据的破坏，但这也是 TCT 最不寻常的特点，它可以对运行着的主机的活动进行分析，并捕获当前的状态的信息，而这一工作对手动方式来说是不可能的。一个正在运行中的系统包括了大量的即时信息，这些信息可能转瞬即逝。获取这些信息是了解正在进行的未授权行为的最好方法。

NTI 是取证软件最为固定的商家之一。它使用一种基于应用的打包排序方案，根据用户的特殊要求为顾客提供事件响应、公司及政府证物保护、磁盘清理、电子文档搜索、内部审计，以及其他目的的软件配套产品。

Forensic X 主要运行于 Linux 环境。它与配套的硬件组成专门工作平台，它利用了 Linux 支持多种文件系统的特点，具有在不同的文件系统里自动装配映像的能力，能够发现分散空间里的数据，可以分析 Unix 系统是否含有木马程序。其中的 Webtrace 可以自动搜索互联网上的域名，为网络取证进行必要的收集工作，新版本具有识别隐藏文件的工具。

FTK 是一系列基于命令行的工具，可以帮助推断 Windows NT 文件系统中的访问行为。

五　取证技术规范研究

（一）取证工作标准和规范研究

由加拿大、法国、德国、英国、意大利、日本、俄罗斯和美国的相关研究人员组成的 G8 小组已制定了一系列有关数字证据的标准，并提出了数字取证操作过程的 6 条原则：

必须应用标准的取证过程；

捕获数字证据后，任何举措都不得改变证据；

接触原始证据的人员应该得到相关培训；

任何对数字证据进行捕获、访问、存储或转移的活动必须有完整记录；

任何个人若拥有数字证据，那么他必须对其在该证据上的任何操作活动负责；

任何负责捕获、访问、存储或转移数字证据的机构得遵从上述原则。

G8 小组在数字证据标准化方面进行了有益的探索。另外，美国司法部（National Institute of Justice）的数字证据科学工作小组（Scientific Working Groupon Digital Evidence，SWGDE）也制定了相关标准和原则草案。在该草案中，有如下标准条例：为了保证数字证据在收集、保存、检查和转移等过程中的准确性和可靠性，法律实施组织和取证组织必须建立并维护一个高质量的系统、具备标准操作过程（Standard Operating Procedures，SOPs）、规范文档、使用广为认可的设备和材料。该草案还对数字证据检查员的资质标准做了初步的探讨。

（二）取证工具测试标准研究

法律实施部门迫切需要保障计算机取证工具的可靠性，即要求取证工具稳定地产生准确和客观的测试结果。美国国家标准和技术研究所（NIST）的计算机取证工具测试计划（Computer Forensic Tool Testing，CFTT）的目标就是通过开发通用的工具规范（Specification）、测试过程、测试标准、测试硬件和测试软件，以建立用于测试计算机取证工具的方法。该测试方法是基于一致性测试和质量测试的国际方法，符合 ISO/IEC 17025：1999（能力测试和校准实验室）的一般要求。

CFTT 采用如下工具测试流程，包括两个过程：

指定规范过程：①信息技术实验室（Information Technology Lab，ITL）和有关法律部门制定工具类别规范，即对取证工具类型制定相关的要求、申明和案例测试文档；②将工具类别规范在网上公布，征求同行意见和社会评论；③将相关的评论和反馈意见融入该规范；④为该类型工具设计一个测试环境。

工具测试过程：①ITL 获得该测试工具；②ITL 审核工具文档；③根据工具提供的特性，ITL 选择相关的测试案例；④ITL 制定测试策略；⑤ITL 执行测试；⑥ITL 产生测试报告；⑦同行审核该报告；⑧其他人员审核该测试报告；⑨ITL 将结果发布到网上。

目前，该计划已完成了硬盘写保护工具测试标准的制定，正在制定磁盘镜像工具的测试标准，进一步将制定被删除文件恢复工具的测试标准。显然，CFTT 为数字取证标准化的探讨和实践提供了一个良好的开端，有效地促进了取证行业标准和规范的制定工作。

（三）数字证据的可信性研究

获取真实、准确和可信的数字证据是决策者做出正确决策的前提条件。作为呈堂证供的数字证据，必须满足下列两大条件：证据自捕获之日起，其结构没有发生变化；证据准确地、真实地反映客观事实。即满足数字证据的可信性，这关系到司法实践的有效性。目前比较有借鉴意义的相关成果有以下两项：

1. DFRWS（数字取证研究工作组）的可信性解决方案

DFRWS 指出，影响数字证据完整性的因素有：①数字证据比物理证据更容易伪造；②用于分析的数字证据，通常会以某种方式传输；③用于分析的数字证据在进行彻底检查前往往已被处理过了；④大部分分析所使用的数据是可疑数据的副本；⑤对于分析方法的解释可能被曲解并引起混淆。影响数字证据精确度的因素有：①缺乏标准；②翻译和转换机理的准确性；③对于主观推理的依赖性。

DFRWS 对解决数字证据的可信度问题提出如下解决方案：

技术上：设计检测篡改的方法，如采用数字水印或加密方法；防止取证知识库被篡改；制定数据传输的正确性标准，研究更多可重用的方法、模型和统计分析以鉴定活动过程；对硬件缺陷和数字签名进行研究；对于网络取证，研究时间的同步和保护以及估算时间偏移。

过程上：采用公认的、标准化的过程；开展与这些标准相关的培训，全面鉴定实验室和相关从业人员的资质；加强对解释技术的研究，如研究被分析数据的语法、语义和语用等。

DFRWS 在数字取证的可信度问题上进行了有益的探索，对数字取证过程中通过人的干预提高可信度做了界定。

2. 可信性解决方案

阿甘·凯西指出：当使用数字记录来重构计算机中的犯罪活动时，每个方面都有可能产生错误。数据丢失可能造成犯罪的不完整构图。甚至有可能一个事件根本就没有发生，但是系统却捏造了此数字记录。计算机系统以及产生记录的进程都有可能产生微妙的错误，这些错误只能通过详细的分析才能检测出来。为此，理想的取证应能在评估计算机系统、产生记录进程的可靠性基础上来评估数字记录的可靠性。

但是，计算机系统和进程的可信性是很难评估的。如应用程序的编写错误是不可避免的，复杂计算机系统可能有不可预料的操作错误，有时甚至导致数据污损或灾难性瘫痪。因为这些复杂性，法庭可能得不到正确结论。进一步说，除非法院要求给出数字证据的可靠性量化参数，否则得出的审判结果的说服力就会减弱。

阿甘·凯西研究了从计算机网络中收集证据的内在不确定性，描述了数据错误和丢失的潜在来源，提出了用来估算数字证据的可信度水平的方法。通过该方法，量化和补偿所收集到的证据的出错和丢失，为提高数字证据的可信性进行了有益的探索。

六 展望

从国内外研究文献可以看出，数字取证技术的进一步研究有如下趋势：

伴随着反向工程（reverse engineering）技术的快速发展，加密文件的分析将进一步深入，随着对加密路由（如洋葱路由）通信的深入研究，加密通信分析将有新的突破。

取证工具的研发将趋向于网络化、安全化、智能化和标准化。随着数字证据形式的多样化，尤其大量涉及网络数据时，要求取证工具从目前的主流单机版取证工具向网络型取证工具过渡，并考虑到网络环境的安全隐患，提供安全性保护的支持。以往的大部分取证工具需要大量专业人员介入以发现证据，这使得取证时延过长，远远不能满足现有的取证需求，因此取证工具将更趋于智能化和自动化。目前取证工具所采用的数据格式互不相同，使得工具之间很难互相配合协作，这给取证勘探箱的构造带来了困难，因此取证工具的数据格式的标准化将是必然趋势。

取证机构、人员和工具的行业标准以及取证规范的研究将不断完善。到现在为止，还没有任何机构对计算机取证机构和工作人员的资质进行认证，使得取证结果的可信性受到质疑。此外，由于目前取证工具的行业标准涉及范围还仅限于测试标准的制定，且所测试的工具数目相当有限，不能满足现实应用的需要。另外，取证规范的系统性还有待进一步完善。

参考文献

许榕生等：《计算机取证的研究与设计》，《计算机工程》2002 年第 6 期。

许榕生等：《计算机取证概述》，《计算机工程与应用》2001 年第 21 期。

卿斯汉等：《计算机取证技术研究》，《计算机工程》2002 年第 8 期。

钱华林等：《计算机取证技术及其发展趋势》，《软件学报》2003 年第 9 期。

Gary Palme. A Road Map for Digital Forensic Research. *Technical Report*

DTRT0010 - 01, DFRWS. November 2001. 15 - 20.

Joseph Giordano, Chester Maciag. Cyber Forensics: A Military Operations Perspective. *International Journal of Digital Evidence*. Summer 2002. 3 - 5.

Tye Stallard, Karl Levitt, etc. Automated Analysis for Digital Forensic Science: Semantic Integrity Checking. Proceedings of the 19th Annual Computer Security Applications Conference (ACSAC 2003). 1 - 8.

Brian Carrier, Clay Shields. A Recursive Session Token Protocol For Use in Computer Forensics and TCP Traceback. IEEE INFOCOM. 2002. 1 - 7.

Vicka Corey, Charles Peterman. Network Forensics Analysis. *IEEE Internet Computing*. November ~ December 2002. 60 - 66.

Atif Ahmad. The Forensic Chain - of - Evidence Model: Improving the Process of Evidence Collection in Incident Handling. Proceedings of the 6th pacific Asia Conference on Information System, Tokyo, Japan. 2 - 4Sep, 2002. 1 - 5.

Eoghan Casey. Determining Intent —Opportunistic vs Targeted Attacks. *Computer Fraud & Security*. Volume: 2003, Issue: 4, April, 2003, pp. 8 - 11.

Eoghan Casey. Practical Approaches to Recovering Encrypted Digital Evidence. *International Journal of Digital Evidence*. Fall 2002, Volume 1, Issue 3. 1 - 26.

Chet Hosmer. Time - lining Computer Evidence. IEEE. 1998. 109 - 112.

Michael C. Weil. Dynamic Time & Date Stamp Analysis. *International Journal of Digital Evidence*. Summer 2002, Volume 1, Issue 2. 1 - 6.

Lisa Oseles. Computer forensics: The key to solving the crime. 2001. 14 - 15, 16 - 21 URL: http: //faculty. ed. umuc. edu/ ~ meinkej/inss690/oseles _ 2. pdf.

Svein Yngvar Willassen. Forensics and the GSM mobile telephonesystem. *International Journal of Digital Evidence*. Spring 2003. 5 - 14.

Gutmann P. Secure deletion of data from magnetic and solid - state memory. In: *Proceedings of the 6th USENIX SecuritySymposium*. San Jose, California: USENIX, 1996. 77 - 90.

Frank Adelstein. MFP: The Mobile Forensic Platform. *International Journal of*

Digital Evidence. Spring 2003. 1 – 2.

Eoghan Casey. Error, Uncertainty, andLoss inDigitalEvidence. *International Journal of Digital Evidence*. Summer 2002. 1 – 32.

James R. Lyle . NIST CFTT: Testing Disk Imaging Tools. *International Journal of Digital Evidence*. Winter 2003, Volume 1, Issue 4.

Scientific Working Group on Digital Evidence and International Organization on DigitalEvidence. Digital Evidence: Standards and Principles. *Forensic Science Communications*, 2 (2) . 2000. 10 – 14.

Carrie Morgan Whitcomb. An Historical Perspective of Digital Evidence: A Forensic Scientist's View . *International Journal of Digital Evidence*. Spring 2002. 5 – 7.

Brian Carrier. Defining Digital Forensic Examination and Analysis Tools Using Abstraction Layers. *International Journal of Digital Evidence*. Winter 2003 (Volume 1, issue 4) . 7 – 15.

Hanyfarid. Detecting Steganographic Messages in Digital Images. http://www.cs.dartmouth.edu/~farid/publications/tr01.pdf 2005 – 4 – 8.

（作者：蒋平，本文系作者在博士后流动站的研究成果之一）

网络攻击与防范

这部分内容整理了有关网络攻击与防范的研究成果，共收集了四篇文章：《基于小波神经网络的DDoS攻击检测及防范》《针对SSH匿名流量的网站指纹攻击方法研究》《特定人群网络行为识别与管控关键技术研究》《美国网络安全战略路线图及对我们的启示》。

第一篇文章介绍了DDoS攻击的检测及防范，并运用小波神经网络理论和方法，建立了DDoS检测和防范模型，并设计了相应的软件产品。第二篇文章介绍了目前在互联网上广泛部署的SSH单代理匿名通信系统，分析了SSH匿名流量的特征，提出了一种新型的网站指纹攻击方法。通过使用公开数据集和在互联网环境中部署实验进行验证，该攻击方法获得了96.8%的准确率，可以有效地识别被监管者所访问的网站。第三篇文章结合公安机关加强现有网络安全和打击网络犯罪的实际工作背景，研究了基于云计算的高性能网络流量采集与分析、特定人群行为关联识别到网络追踪的完整闭环结构的综合网络监管体系，对当前网络中大数据流量的高速存储与分析问题给出了解决办法，并针对特定人群建立流量数据中心平台，实现对特定人群的网络监控。第四篇文章分析了美国网络安全战略路线图。

基于小波神经网络的 DDoS 攻击检测及防范

一　引言

分布式拒绝服务（Distributed Denial of Service，DDoS）攻击是在拒绝服务（Denial of Service，DoS）攻击基础上发展而成的一种新的攻击方法。其基本原理是：借助于 C/S 技术，将大量计算机联合起来作为攻击平台，对一个或多个目标发动 DoS 攻击，从而成倍地提高拒绝服务攻击的威力。如 2000 年 2 月，美国几个著名的商业网站（如 Yahoo、eBay、CNN、Amazon、Buy. com）遭遇了 DDoS 攻击，虽然各类服务器没有被入侵，数据也没有被篡改或破坏，但是却造成网络和主机瘫痪，正常的使用者无法及时地获得服务。2002 年 10 月 21 日，美国负责管理全球互联网寻址系统的 13 台根服务器遭到了最严重的一次 DDoS 攻击，其中 9 台受到不同程度的影响。

自 1999 年 6 月 DDoS 攻击被发现以来，世界各地许多研究者围绕如何检测和防范此类攻击进行了研究，提出了一系列检测和控制方法，并建立了一些应用模型。但从目前情况下看，这些模型仍属理想化模式，不能实际解决目前日益盛行的 DDoS 攻击问题，因而，近年来国内外研究者和安全厂商都纷纷致力于基于攻击对象的防范控制策略研究。

本文通过对 DDoS 攻击时引起网络数据流异常波动情况的分析，运用小波神经网络理论和方法，提出建立 DDoS 检测和防范模型。

二　国内外研究状况

目前，国内外针对 DDoS 攻击的检测和防御方法，主要有以下几种：

基于互联网全网的防范控制策略，其目标是弥补现有的互联网结构缺陷，建立新型的 DDoS 无法渗透的网络模式，如斯科特·夏恩（Scott Shyne）等人提出的建立主动式网络架构（the Active Network Backbone，Abone）抵御 DDoS 攻击的模型，这个项目由美国 DARPA 资助。这种方法虽然确实是抵御 DDoS 攻击的最佳途径，但尚处于理论探索阶段，没有给出具体的实现方法。同时，由于目前互联网已在全球普及，即使理论上成熟也很难在短期内推广应用。

基于用户端的防范控制策略，其目标是遏制攻击源，如我国西安交通大学学者韩军等提出的通过加强“防火墙”的对内控制以抑制 DDoS 攻击的方法，规定只有通过认证的用户才能自由访问外部网络。这种控制策略必须对互联网体系结构进行改变，只有所有的接入网络都采用这种模型，全面的网络安全才可保证。显而易见，这种策略类似于前一种，虽然理论上可行，但在现有互联网的体系结构和管理方式下难以实现。

基于攻击对象的防范控制策略。如美国卡布雷拉（J. B. D. Cabrera）等人提出的依据管理信息源（Management Information Base，MIB）流量变化使用网络管理系统（Network Management System，NMS）来检测 DDoS 攻击，基本原理是从参与攻击的系统中收集到的 MIB 流量变化的信息来检测 DDoS 攻击，描述了通过使用诱发性统计测验如何把攻击者的相关 MIB 变量自动提取出来，而基于目标机和攻击方的 MIB 流量的时间序列的统计测试对于所监视的攻击机可以有效地提取出正确的变量。利用提取的攻击者的这些关键变量，建立一种基于 MIB 变化的异常检测方法能够决定攻击行为的统计特征，这些观察论证了在网络管理系统的核心切入一个完全自动的进程来检测 DDoS 攻击的先兆，并迅速做出反应。其核心是如何使用数据仓库和统计挖掘技术构建网络管理系统。这个项目由美国空军研究实验室（AFRL）资助，其特点是自动检测、错误率低，但没有做普遍验证，实际效果难以检测。此外，我国国防科技大学计算机学院刘芳等提出的基于审计、专家系统和神经网络的 DDoS 攻击预警系统设计与实现方式，前期采用简单高效的基于审计的方法，统计网络端口数据流量，以图形方式实时反映受预警保护的主机的网络数据流量，使用限额方法及早检测出现的异常情况，后期引入神经网络的方法以取得网络攻防的主动权，其优点是从最底层的物理端口出发，实时检测比特流流动的状态（方向、大小、速率、变化率等），以区分正常和异常的特征，但只有通过训练并建立审计数据库来检测系统的运行从而实施 DDoS 预警功能，如何训练审计数据库、如何将预警与保护措施相衔接须进一步研究和试验。

本文提出的运用小波变换和神经网络的理论和方法建立基于小波神经网络的 DDoS 检测模型不但有理论基础，而且经仿真研究可产品化，具体有以下特点：①运用小波神经网络对 DDoS 攻击进行检测阻断的研究目前尚未发现先例，具有理论探索的前沿性，其检测模型及软件设计思路较新颖；②效果比较明显，经过仿真环境下的模拟实验，基本实现了对 DDoS 自动检测报警和防范阻断；③实现简便，代价小，短期内可普遍应用。

三　DDoS 攻击引发网络流量异常波动现象分析

DDoS 攻击实施时，网络信息流将产生异常波动现象，通过对收集到的模拟攻击数据包的分析，发现具有以下特点：

（1）探测被攻击者时，网络流量发生异常。攻击者在实施 DDoS 攻击前，总要解析目标的主机名，BIND 域名服务器能够记录这些请求。由于每台攻击服务器在进行一次攻击前会发出 PTR 反向查询请求，所以在 DDoS 攻击前，域名服务器会接收到大量的反向解析目标 IP 主机名的 PTR 查询请求。

（2）攻击发生时，有大量异常的服务和通信内容。一些隐蔽的 DDoS 攻击工具随机使用多种通信协议（包括基于连接的协议）通过基于无连接通道发送数据。连接到高于 1024 而且不属于常用网络服务的目标端口的数据包会引起网络异常波动。数据段内容只包含二进制和 high - bit 字符的数据包。虽然此时可能在传输二进制文件，但如果这些数据包不属于正常有效的通信时，可以怀疑正在传输的是没有被 BASE64 编码但经过加密的控制信息通信数据包（如果实施这种规则，必须将 20、21、80 等端口上的传输排除在外）。

（3）当目标遭受 DDoS 攻击时，会出现明显超出该网络正常工作时的极限通信流量的现象。

对特定的网络，信息流量变化是有规律的，但遭受 DDoS 攻击时其流量变化即出现异常，假定用 $\Delta\lambda$ 来表示网络信息流的正常波动率（bits/s2），用 Δf 来表示网络信息流的实际波动率（bits/s2），ϕ表示网络信息流正常波动幅度阈值（$0 < \phi < c$，0 为无信息流情况下的网络状态，c 为正常情况下单位时间内信息流的最大波动值）。

在正常情况下：

$$\Delta f - \Delta\lambda < \phi \tag{1}$$

在异常情况下：

$$\Delta f - \Delta\lambda > \phi \tag{2}$$

四　基于小波神经网络的 DDoS 攻击的检测与防范

从上文分析看，DDoS 攻击的显著特征是引起网络信息流在短时间内出现异常波动，其波动阈值明显超过提供正常服务时的阈值。从流向看，实施 TCP - SYN flood、UDP flood、ICMP flood 等攻击时，信息流是从攻击端流向目标端；实施 Smurf 攻击时，信息流呈双向交叉型，即既有从攻击端流向目标端的，又有从目标端流向第三方受害者的。如果能准确检测网络信息流异常波动的阈值，并能自学式确定网络正常波动阈值，进行自动对比，即能有效检测 DDoS 攻击，进而采取相应的防范措施。本文在介绍小波和神经网络的理论和方法的基础上，提出了基于小波神经网络的 DDoS 检测和防范模型。

（一）小波神经网络基本理论

1. 小波变换

小波变换（Wavelet Transform，WT）是一种时频分析工具。传统的信号分析是建立在傅里叶变换基础上的，由于傅里叶分析使用的是一种全局的变换，所反映的是整个信号全部时间内的整体频域特征，不能提供局部时间段上的频率信息，而这种局域的信息恰恰是非平稳信号最根本和最关键的性质。如对网络流量波动等信号来说，研究、确定局部时间段上的频率特征比整个时间段上的频率特征更为重要，而传统的傅里叶变换却无法精确提取网络流量波动中的时变特征。为了分析和处理非平稳信号，人们在傅里叶变换的基础上，提出并发展了小波分析理论，能有效克服上述缺陷。小波变换是一种信号的时间尺度分析方法，具有多分辨率分析的特点，而且在时频两域都具有表征信号局部特征的能力，很适合检测正常信号中突变的成分。由于网络异常波动特征中存在着复杂的多尺度特性，因此小波变换的这种将信号在不同尺度上分解的能力意味着能分析网络异常波动。网络异常波动不但具有多重分形的特性，而且还具有局部变化特征，这种局部变化特征可通过局部 Hölder 指数 $\alpha(t)$ 来描述。对于本文的应用而言，并不需要估计出具体的 Hölder 指数，网络异常波动的局部特征蕴涵在小波变换系数的模中，通过不同尺度上小波变换的模之间的关系可以提取网络异常波动的局部特征。

2. 基于遗传算法优化的神经网络模型

人工神经网络是在对人脑组织结构和运行机制认识理解的基础上，模拟其结构和智能行为的一种工程系统。神经网络具有并行处理、自适应性、联想记忆、容错性强及鲁棒性等特点，具有很好的非线性拟合及检测能力。由神经网络理论中的 Kolmogorov 连续性定理，对给定的任一连续函数 $\varphi = [0, 1]^m \rightarrow R^n$，都可以以任意精度由一个三层神经网络来实现。目前，BP 神经网络（Back Propagation NN）是一种应用最广泛的神经网络模型。从结构上来讲，它是一种分层型网络，具有输入层、中间层（隐含层）和输出层。如图 1 所示。

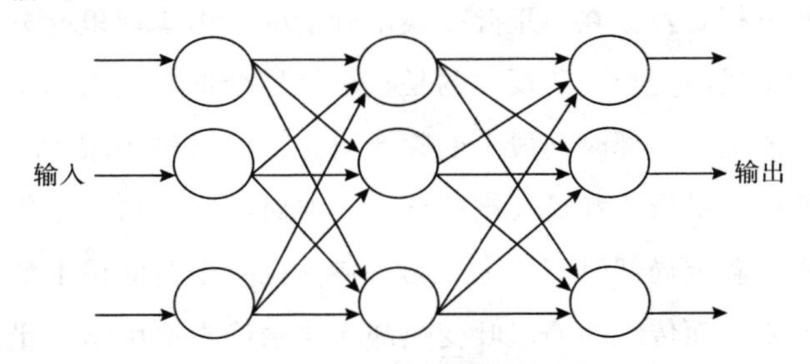

图 1　三层神经网络模型

本文采用的是BP神经网络模型，由于原始的BP神经网络采用梯度下降法寻优，因此存在一些严重的缺陷，如收敛速度慢，结果易陷入局部极值点和引起振荡效应等，因此单独使用神经网络效果不是很理想。为了克服上述缺点，近年来出现了使用遗传算法（GA）来优化神经网络的方法，遗传算法具有很强的全局搜索能力，鲁棒性好，将它与神经网络相结合能提高神经网络算法的效率。本文结合了GA算法优化神经网络。先利用一种改进的遗传算法来训练网络，再用BP算法来进行精确求解。这样，先得到权值的一个范围，在此基础上训练网络就可以在相当大的程度上避免局部极小，训练次数和最终权值也可以相对稳定，训练速度也能大大加快。

遗传算法是一种广为应用的、高效的随机搜索与优化的方法。本文将采用贝克（Baker）提出的改进算法。具体步骤如下：

（1）随机产生神经网络的一组实数型的权值，其初始权值为[-1,1]，将所有权值按一定顺序连接在一起，构成一个个体。产生N个这种个体，构成初始群体。规格化神经网络输入向量，本文规格化的公式为：$Vj-\min(Vi)/\max(Vi)-\min(Vi)\cdot 0.9+0.05$。

（2）用训练样本对种群中的每一个个体进行训练，通过计算每个个体的学习误差得到适应度函数 $\text{fitness}=1/E$，其中 $E=\frac{1}{2}\sum_{k=1}^{n}\sum_{j=1}^{p}(y_j^k-o_j^k)$ 为网络学习误差，n 为训练样本个数，p 为输出节点个数，$y_j^k-o_j^k$ 表示第 k 个样本相对于第 j 个输出单元的误差。若 E 小于预先给定的 ε，则算法结束，否则转（3）。

（3）选择操作采用轮盘赌方法（适应度比例方法），即每个个体选择概率和其适应值成比例。若新群体中最大适应度值小于父代群体中最大适应度值，则将父代群体中适应度值最大的个体无条件直接复制到下一代。

（4）交叉算子。从两个父代个体中随机选取若干交叉位置，在这些位置进行交叉运算，这样子代个体便含有两个亲代的遗传基因。

（5）变异算子。对待变异父体，按设定概率随机选择变异点进行变异。

（6）重复（2）～（5）直到 E 小于预先给定的 ε。

（7）输出此时的权值，结束训练，所得到的神经网络即可用于检测。

（二）基于小波神经网络的 DDoS 攻击的检测与防范

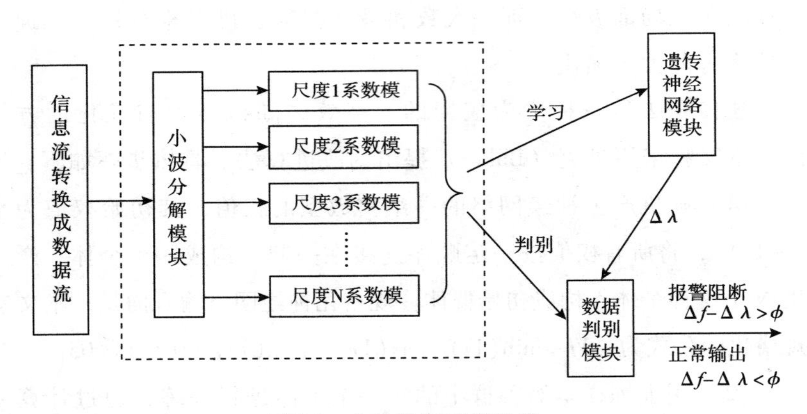

图 2　小波神经网络异常

根据上述分析，利用小波变换的多尺度分析的特性和局部特征提取能力，把网络数据流信号分解为不同尺度的小波系数，以此作为神经网络的输入向量，利用神经网络的学习功能，建立神经网络检测模型；利用遗传算法的全局寻优能力优化神经网络，从而构建一种小波遗传神经网络方法，用于 DDoS 攻击检测，其过程如图 2 所示。

模型的具体步骤如下：

（1）通过信息流转换成数据流模块实现将网络信息流信号转换为数据流信号 $AR=\{r1, r2, \cdots, rn\}$，其中，$ri$（$1 \leqslant i \leqslant n$）

分别是主机名、端口号、协议等流量属性，作为小波分解模块的信号输入。具体转换时，选取单位时间抽样的信号作为小波分解模块的信号输入，以时间 t 为抽样间隔，对 AR 集合中的属性进行抽样，形成流量特征值 $Ct = ft\ (AR)$。

（2）通过小波分解模块对信号进行小波变换获得 N 个尺度上的小波变换系数，并取小波系数的模作为下一步输入神经网络检测的特征量。神经网络的输出取相应输入信号的最大增量，即 $\Delta\lambda = \mathrm{Max}_{i}\ \{\Delta\lambda i\}$。取 M 个时间段信号进行小波变换后，就可以构成神经网络的训练样本，另外可取 L 个时间段信号进行小波变换，作为神经网络的测试样本。

（3）遗传神经网络模块完成神经网络的训练和优化。染色体编码采用实数编码，适应度函数取 $1/E$，其中 $E = \frac{1}{2}\sum_{k=1}^{n}\sum_{j=1}^{p}\ (y_j^k - o_j^k)$ 为网络学习误差。本模型中，母体个数、算法迭代次数、交叉概率、变异概率值等，可根据实际情况动态选择。

（4）训练好的神经网络即可用于网络信息流异常波动检测。如果输入小波网络的实际信号 $\Delta f > \phi$，则说明网络波动异常，系统设置报警，做 DDoS 攻击判断，采取防范措施。

（三）防范机制

当检测到 DDoS 攻击时，需要和其他网络安全设备合作，防御 DDoS 攻击。在本文中，主要采用两种方法进行控制：①根据特征值进行过滤，并禁止伪 IP 地址报文。采用特定字符串，监视常用高端端口、超长或畸形数据包、目标网络的 DNS 服务器接到的超常数量的反向和正向地址查询、超过极限的数据量等对 DDoS 攻击进行检测。并使用 IP Sec 协议适当地验证 IP 包——入侵者只能使用其真实 IP 地址实施 DDoS 攻击——从而阻止伪 IP 地址的 DDoS 攻击。②安全产品联动的方法。当检测到攻击时，将经过验证的 IP 攻击者地址，通知防火墙或路由器等中间网络设备，控制或禁止该 IP 地址的流量。

五 软件设计及仿真研究

根据以上模型分析，我们的软件系统分为五大模块：设备流量监控模块、预分析模块、流量捕获模块、分析控制模块和反应阻断模块，整个系统通过统一的安全策略进行协调管理。其中设备流量监控模块通过 SNMP 协议获取该网络设备各端口的实时流量状况，将当前状况送至小波神经网络的预分析模块进行预分析，预分析模块通过与初始化所形成的流量波动阈值的比较分析来判断是否遭受到 DDoS 攻击，如发现遭到 DDoS 攻击，则启动网络实际流量的捕获模块对网络信息流进行捕获，送到网络实际流量的分析模块进行详细分析，并迅速通知反应阻断模块，由反应阻断模块控制相关设备设置相应策略来及时阻断攻击。

根据以上思路，我们采用图 3 所示的网络拓扑模型进行仿真试验。整个网络分为外部网络和内部网络。攻击者位于外部网络，使用 IBM T23 作为攻击控制主机，控制 10 台联想开天 2000 计算机作为攻击主机，每台机器分别使用 NS2 网络模拟软件模拟 100 个攻击主机的攻击行为和网络的正常使用。内部网络是被保护网络，通过防火墙和外部网络相连。使用 1 台 SUN E450 服务器作为被攻击服务器，使用 HPLH2000 服务器作为 DDoS 数据分析服务器，使用联想开天 2000 计算机分别作为攻击主机和内部网主机。攻击端和主控端的操作系统为 Redhat Linux 7.2、被攻击端的操作系统为 SUN OS 5.7，数据分析服务器的操作系统为 Win2000 Server，小波神经网络检测系统安装在数据分析服务器上。

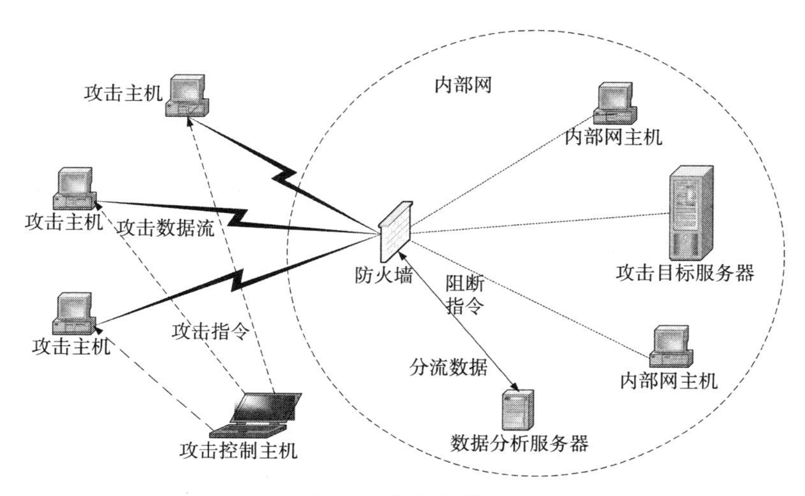

图 3　网络拓扑模型

我们使用 CBRUDP 流作为攻击流的代表来进行仿真试验。收到攻击控制主机发出的攻击命令后，每台攻击主机便分别产生 100 个 CBR 流，每个流的发送速率为 0.5213 Mbps，10 台攻击主机发出的攻击流汇聚后的速率为 521.3 Mbps，整个攻击过程持续 140 秒。仿真结果如图 4 所示。

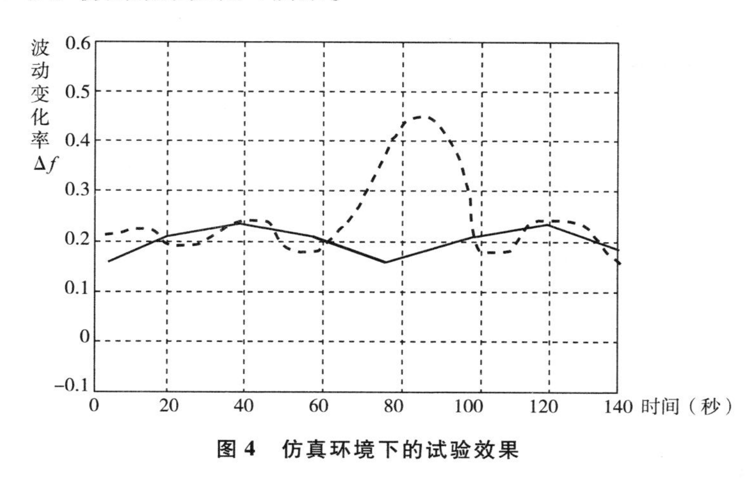

图 4　仿真环境下的试验效果

图 4 中实线为仿真环境中网络信息流的正常波动变化率，虚线为通过小波神经网络异常波动检测模型诊断所得的异常情况的

波动变化率，从虚线的指示我们可以看到在第 60 秒时遭受模拟 DDoS 攻击，第 80 秒启动了防范阻断程序后所获得的结果，可以看出防范阻断程序有效地遏制了 DDoS 攻击，使得信息流的波动与正常曲线拟合度相似，说明基本实现了预计的设计目标。

六　结论

预防和阻止 DDoS 攻击的根本方法是改变现有的互联网结构，改进与互联网相连接的所有计算机的安全状况，或强制全网采用统一的在确认源 IP 地址正确的情况下才发送数据包的路由器配置策略。目前，这两种办法难以推行。为此，本文提出采用小波神经网络建立 DDoS 攻击的检测与防范模型，经过仿真环境下的模拟实验，基本实现了自动检测报警和防范阻断功能。并且，由于该模型是建立在对网络信息流异常波动信号检测的基础之上，因而，对 DDoS 以外的影响网络数据流异常波动的攻击也能起检测作用，下一步将在此基础上做进一步研究。

参考文献

韩军、李卫：《改变防火墙结构》，《航空计算技术》2000 年 6 月，第 30 卷，第 2 期。

刘芳、陈秦伟、戴葵：《分布式拒绝服务攻击预警系统的设计与实现》，《计算机工程》2001 年 5 月，第 27 卷，第 5 期。

〔美〕崔锦泰：《小波分析导论》，程正兴译，西安交通大学出版社，1995。

Denial of Service Attacks. Online. CERT Coordination Center. Internet 2 June 2002. Available URL：http：//www. cert. org/tech_ tips/denial_ of_ service. html.

Kevin J. Houle, CERT/CC, George M. WeaVer, CERT/CC. Trends in Denial of Service Attack Technology, Online. cert. org. Internet 2 June 2002. Available Available URL: http: //www. cert. org/archive/pdf/DoS_ trends. pdf, 3.

Using Active Networking to Thwart Distributed Denial of Service Attacks. 2. 2001 IEEE Aerospace Conference Papers 4. 0501. Adam HovakBae Systems.

J. B. D. Cabrera, L. Lewis, X. Qin, Wenke Lee, RaviPrasanth, B. Ravichandran, and Raman Mehra. Proactive Detection of Distributed Denial of Service Attacks Using MIB Traffic Variables – A Feasibility Study. In Proceedings of The Seventh IFIP/IEEE International Symposium on Integrated Network Management (IM 2001), Seattle, WA. May 2001. Internet 2 june 2002. Available URL: http: //www. cc. gatech. Edu/ ~ wenke/papers/im01. ps.

Daubechies, I. The wavelet transform, time – frequency localization and signal analysis, *IEEE Trans. Inform. Theory* 36 (1990), 961 – 1005.

Mallat, S. A theory of multiresolution signal decomposition: the wavelet representation, IEEE Trans. Pattern Anal. Machine Intell. 11 (1989), 674 – 693.

Sexton R S, Dorsey R E, Johnson J D. Toward Global Optimization for Artifical Neural Networks: A Comparison of the Genetic Algorithm and Backpropagation. Decision Support Systems, 1998, 22 (2): 171 – 185.

Holland J H. *Adaptation in Natural and Artificial Systems.* Ann Arbor: The University of Michigan Press, 1975.

Baker J E. Reducing Bias and Inefficiency in the Selection Algorithm. Proc. 2nd Int' l Conference on Genetic Algorithms and their Applications, 1987, 14 – 21.

Baker J E. Adaptive Selection Methods for Genetic Algorithms. In Grefenstette J J editor, Proceedings of First International Conference on Genetic Algorithms and their Applications, 1985: 101 – 111, Carnegie – Mellon University, Pittsburgh.

（作者：蒋平，本文原载于《计算机工程与应用》2006 年第 2 期）

针对 SSH 匿名流量的网站指纹攻击方法研究

一 引言

随着互联网的飞速发展，人类已逐步进入了信息社会。其中，日新月异的 Web 技术正不断地变革着人们的生活和工作方式。作为现今通信与信息传播的主要途径之一，Web 技术承载了越来越多的电子商务、网上银行、网络营销、网络医疗咨询等各种在线服务，用户只需要通过浏览器就能获取所需的服务。然而，这些服务都会存在一定程度的隐私信息交互的情况，使得用户在需求得到满足的同时，也对自身信息隐私性的担忧愈加强烈。成熟的加密技术的使用虽然保障了用户传输的信息本身的安全，但这并不意味着用户的隐私得到了充分的保护，攻击者仍可根据通信对端的身份等未被隐藏的信息对用户的隐私进行推理分析。匿名通信技术的产生与兴起在很大程度上缓解了这种使用障碍。相比于文献的多跳匿名通信系统复杂的部署和较差的用户体验，作为单跳的匿名通信系统，SSH（Secure Shell）加密代理得到了更为广泛的部署和使用。SSH 在用户和代理服务器之间构建加密隧道，通过该隧道的数据包均被加密封装，因此攻击者无法查看用户的通信内容和其真正的目的地址，从而保证了用户的隐私信息不被泄露。

虽然匿名通信技术的初衷是为用户提供隐私保护服务使其个人信息不被泄露，但也可能会被网络犯罪者利用，掩盖其从事的恶意犯罪活动，如进行匿名的恐怖活动、传播儿童色情信息、发布反社会言论、散布谣言以及敲诈勒索等，造成匿名滥用。由于其通信内容和通信关系皆被隐藏，使得普通的包检测技术失效，很大程度上阻碍了执法者对其网络行为的监控与审查，这对打击网络犯罪和网络监管提出了严峻的挑战。针对现实存在的匿名滥用问题，研究者提出了多种匿名通信追踪技术，例如使用流水印攻击技术，通过在目标流量中主动嵌入流水印，然后在嫌疑的目的端进行检测确认两者的通信关系。然而此类方法要求攻击实施者能够同时监控嫌疑的通信两端的网络，攻击成本高，而且攻击效率受网络延迟、抖动等影响较大。不同于上述主动的攻击技术，网站指纹攻击方法采用被动的流量分析技术，攻击者只须配置与被监管者相类似的网络环境，并使用相同的加密代理技术访问每个目标站点，通过分析、提取和比对所产生的通信流量的特征来识别被监管者通信对端的真实地址。现有工作已经证明了网站指纹攻击方法的可行性，但在如何选择合理的区分度高的流量特征以提高攻击准确率等方面依然有待进一步的研究。此外，这些研究工作仅仅关注针对目标网站主页的指纹攻击，忽视了用户在浏览主页后往往会对其关联链接的页面进行访问的行为模式，存在一定的局限性。

本文针对上述问题，提出了一种新型的网站指纹攻击方法。主要的研究成果包括：①在对 SSH 封装的 HTTP 流量深入分析的基础上，根据上下行流量特征的区别，提出了抽取不同的区分度高的特征分别形成上下行指纹的方法；②根据所提取的上下行指纹的不同特性，分别采用最长公共子串算法和朴素贝叶斯分类器，进行单个页面指纹的相似度匹配；③根据目标网站的拓扑结构，建立对应的隐马尔科夫模型（Hidden Markov Model，HMM），将现有的只针对网站主页的指纹攻击扩展到多级页面，从而识别整个站点。通过较大规模的实验验证，该攻击方法获得了 96.8% 的检测率，证明了所抽取指纹特征的高区分性以及攻击方法的高效性。

论文后续的组织结构如下：第二节简要介绍目前网站指纹攻击方面的相关工作；第三节基于 SSH 代理的工作原理，描述所采用的攻击模型；第四节深入分析 HTTP 和 SSH 协议，详细阐述了所提出的网站指纹攻击方法，将单页面的指纹攻击扩展到多个页面；第五节通过大规模的实验证明了所抽取指纹特征的高区分性以及该攻击方法的高效性；第六节总结全文并指出了下一步的工作。

二　相关工作

网站指纹攻击是伴随着匿名技术的产生而出现的。当加密技术最初被引入蓬勃发展的 Web 应用时，在实际网络环境下部署和使用的是 HTTP/1.0 协议。该版本协议规定对于每个被请求的对象都会建立一条新的 TCP 连接，且一旦该对象传输完成，就会关闭对应的 TCP 连接。由于此时的匿名技术研究还处在起步阶段，主要是通过简单的 SSL 加密来提供隐私保护服务，所以该技术只是单纯地加密 TCP 通信内容，并不会改变所传输流量的特征。利用这一缺陷，研究者在研究匿名 Web 流量的特征选取时，主要采用了每个站点主页中对象（object）的个数和长度作为原始特征。

海恩子（Hintz）针对加密代理 Safe Web 存在的安全隐患，首次阐述了网站指纹攻击的概念，并在理论上分析和证明了该方法的可行性及有效性。孙（Sun）等人同样也发现了此类 SSL 代理存在的漏洞，在 S & P 2002 会议上提出了网站指纹攻击方法，并阐述了其进行的大样本量的实验：针对每个目标页面所产生的 TCP 连接计算其个数和响应报文的长度总和，从而获得页面对象的数量及大小，形成指纹建立特征库；随后使用Jaccard系数方法计算其与用户模拟访问所产生指纹的相似度，并选择相似度最高的站点作为用户Web访问的辨识结果。

随着HTTP/1.1协议的推广以及匿名技术的日趋成熟，一方面浏览器在访问Web页面时采用了持久连接（Persistent Connections）和流水线（Pipelining）技术；另一方面多种单跳或多跳匿名通信系统，例如SSH加密代理、Tor匿名网络等相继被提出，此类匿名系统会在其和用户之间建立一条加密隧道，将浏览器发起的TCP连接映射到不同的信道。上述多种技术的应用导致了攻击者无法使用之前的方法计算每个页面含有的对象数量及长度来形成指纹。经过进一步的深入研究，研究人员相继采用了一些新的流量特征和相似度对比方法。拜斯尔斯（Bissias）等人首次提出将每次通信时产生的所有响应报文的长度和报文之间的间隔时间作为原始特征，使用交叉关联（Cross Correlation）方法针对单个特征及联合特征分别计算指纹相似度进行身份识别，考察所选特征的可区分度。实验结果表明，报文长度特征的识别准确率远高于报文之间的间隔时间的。此外，作者还指出指纹库建立和攻击实施之间的延迟时间只会轻微影响网站指纹识别的准确率。而利伯拉托尔（Liberatore）等人吸取了之前工作的研究成果，仅采用Web访问时产生的报文长度分布这个流量特征生成指纹。在识别方面，则首次使用了机器学习领域中成熟的分类技术，即采用朴素贝叶斯分类器（Naive Bayes Classifier）进行相似度的评估。作者为了验证其攻击方法的现实可行性，针对黑名单站点列表中1000个网站进行了实验，获得了73%的准确率。同时，作者还证明了在嗅探用户访问产生的匿名流量后再进行指纹库建立的可行性，为数字取证技术发展提供了有力的实验依据。为了便于其他研究者进行研究，利伯拉托尔等人公布了他们的数据集Open SSH 2000，并在CCS 2006会议上发表了他们的研究成果。赫尔曼

（Herrmann）等人在此基础上进行了改进，在特征抽取方面同样选择了链路上产生的双向的报文长度分布，并采用文本挖掘中权值计算技术对特征向量进行标准化，然后再使用多项式朴素贝叶斯分类器（Multinomial Naive Bayes Classifier）进行分类。不同于利伯拉托尔等人的工作只关注某个长度的数据包是否出现，赫尔曼等人还考虑了该长度的数据包出现的频率。相对于大部分研究工作只关心报文长度，鲁（Lu）等人提出多次访问相同站点时产生的匿名流量在报文顺序上也非常的相似。他们利用报文长度和顺序作为特征，针对每个目标站点的主页形成 2 个报文长度序列（请求序列和响应序列），并使用编辑距离（Edit Distance）计算相似度进行比对，实验结果表明该方法对于经过变形的流量仍然有效。林（Ling）等人则认为除了报文长度、顺序等特征以外，用户与 Web 站点之间的 RTT 的统计信息也可以用来推断用户所访问站点的真实地址。作者提取 RTT 的样本均值和样本方差作为分类特征，并使用贝叶斯分类算法进行决策。另外，他们还在理论上分析了该攻击方法可正确识别一个目标站点的概率。

不同于 SSH 代理这类单跳的匿名系统，一些低延迟的多跳匿名通信系统，会将转发的流量填充成等长信元。这种处理机制破坏了报文长度这一关键特征，导致提取的特征失效。针对这一问题，潘前可（Panchenko）等人基于 Tor 等匿名系统的特性，就流量的大小、时间和方向等方面，提出了多种新的有效特征形成指纹，然后使用支持向量机（Support Vector Machine）进行分类。实验结果表明即使在多跳的低延迟匿名通信系统下，指纹攻击方法仍然可行，并且将 Tor 下的攻击准确率由 3% 提高到 55%、JAP 下的准确率由 20% 提高到 80%。而虞（Yu）等人放弃了常用的包长等流量特征，关注目标用户的行为模式，第一次提出了将用户访问一个网页所花费的时间作为特征，并采用隐马尔科夫模型来对目标网站进行建模。但由于此攻击仅依赖于浏览网页所耗费时间这一动态性极强的特征，降低了该方法的鲁棒性。此外，攻击实施者还必须对用户的明文流量进行建模，获取其访问目标站点的时间动态性，对攻击者的能力要求较高。

研究人员在提出新的网站指纹攻击方法的同时，也给出了一些他们认为有效的规避措施，例如包填充、流量变形等。通过大幅度地改变指纹特征，试图降低现有的依靠指纹相似度匹配的攻击方法的检测准确率。但在 S & P 2012 会议上，迪耶（Dyer）等人证明了这些规避措施并不能很好地抵御网站指纹攻击。他们使用现有的指纹攻击方法，针对 9 种包填充和流量变形的规避措施进行了大量的实验。结果表明，当目标站点列表集等于 128 时，仍能获得 80% 左右的准确率。蔡（Cai）等人则针对应用层的抵御措施，如 HTTP - OS、Tor 中的随机流水线技术[①]等，通过提取匿名流量中数据包长和顺序等特征形成指纹，获得了较好的识别结果。这就意味着即使耗费高额成本地去实施大量的抵御措施，也无法高效地降低指纹攻击的准确率。

上文所述的攻击方法忽视了上下行流量特性不同的事实，在特征抽取时，对于上下行流量均选择了相同的流量特征来生成指纹，降低了网站指纹攻击的准确率。本文通过对 SSH 封装的匿名流量的深入分析，分别从上下行数据包中提取不同的特征生成指纹。在指纹比对阶段亦基于所比对指纹的属性特征选择了合适的匹配算法。此外，现有工作仅针对目标网站的主页进行指纹匹配攻击，但真实情景是用户在访问网站时经常会连续地访问关联链接页面。根据这种访问模式，本文将引入隐马尔科夫模型，将单页面的指纹扩展到多页面的联合指纹，可以更高效地进行网站指纹攻击。在方法有效性验证部分，为了结果的可比性，论文也在

---

① Experimental defense for website traffic fingerprinting, https://blog.torproject.org/blog/experimental - defense - website - traffic - fingerprinting, 2011.

Open SSH 2000 数据集上进行了相关实验。

三　攻击模型

由于目前 SSH 加密代理已被广泛地部署，其用户人数远超过 Tor 等多跳匿名通信系统，本文将针对 SSH 封装的匿名 Web 流量进行网站指纹攻击方法的研究。

SSH 协议使用身份认证和非对称加密技术，保证 SSH 客户端和服务器之间远程登录、数据传输和其他网络服务的安全性。SSH 代理利用其协议中提出的动态端口转发功能，将其他 TCP 端口的报文通过 SSH 加密隧道进行转发。如图 1 所示，通过配置本地监听端口，并在具体的应用程序中将本机地址和监听端口设置为 SOCKS 代理，则该应用程序产生的所有数据包都会被本地监听端口转发给 SSH Client，然后通过加密隧道到达 SSH 代理服务器。在这一过程中，转发报文的内容和目的地址均被加密封装，外部攻击者无法获知通信数据的内容，也不知道用户真正的通信目标，从而保证了用户的通信关系和通信内容的隐私安全。此后 SSH 代理会根据解密后数据包中的目的地址，和真正的通信目的端进行数据交互，并将接收到的数据包通过相同的加密隧道转发给用户。

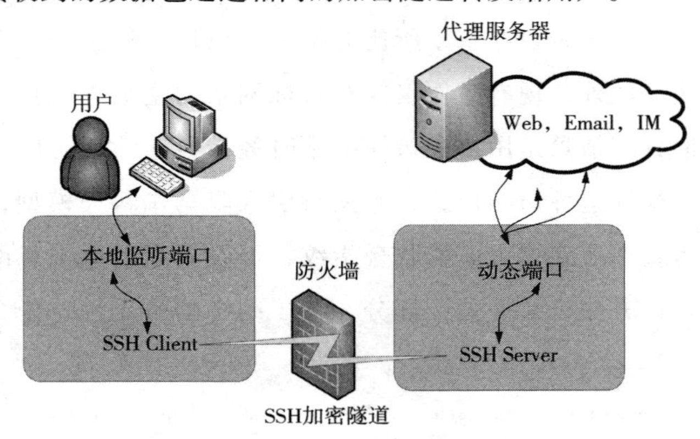

图 1　SSH 端口转发机制

针对 SSH 代理提供的匿名保护服务，网络监管者一方面无法在有限的时间内对加密数据进行密码破译，另一方面，由于网络监管者难以具有监控全局网络信息的能力，从而也无法使用深度包检测等常用技术对被监管者的网络行为进行审核管理。鉴于监管者的监测能力受限，现有研究工作都采用了如下的攻击模型：被监管者通过 SSH 代理进行 Web 站点的访问，攻击者仅可以在被监管者和 SSH 代理之间嗅探并记录交互的报文（图 2）。通过嗅探，攻击者可以获得关于报文长度、时间等方面的少量信息。

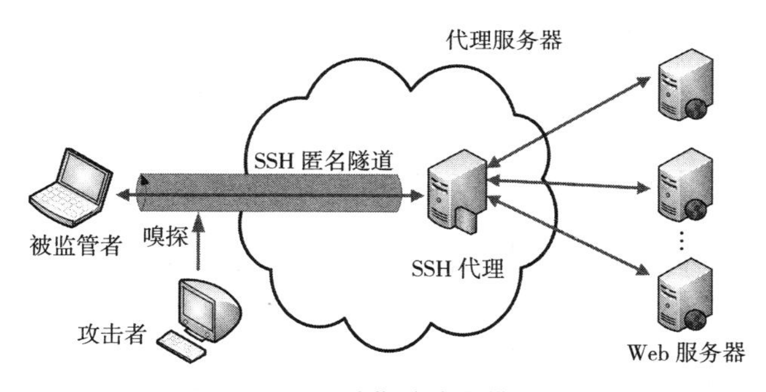

图 2　网站指纹攻击模型

网站指纹攻击方法采用被动的流量分析技术，基于流量模式匹配的思想来识别被监管者所访问的真实地址。为了提高指纹攻击方法的部署可行性和工程可用性，本文采用与现有工作相同的前提假设：

（1）攻击者可以配置类似于被监管者的网络接入环境。

（2）攻击者拥有一个黑名单站点列表，并能使用和被监管者相同的 SSH 代理服务器进行站点访问，从而建立对应的指纹库。

（3）攻击者掌握被监管者所使用浏览器的配置信息，并能进行相同的配置，例如使用 HTTP/1.1 协议、禁用 Cache、关闭插件等。

（4）攻击者可以根据页面请求过程中的时间间隔等信息从嗅探得到的数据中提取出属于同一个页面的数据包。

四　针对 SSH 匿名流量的网站指纹攻击

本节首先详细分析了经过 SSH 封装的 HTTP 流量的特性；其次，在此基础上对于上下行数据包提取不同的特征分别形成上下行指纹，并采用对应的匹配算法进行单页面的指纹比对；最后，根据被监管者的 Web 访问模式，基于网站主页和次级页面的链接关系，建立对应的隐马尔科夫模型，将现有的只针对主页的指纹攻击扩展到多页面，实现针对 SSH 匿名流量的网站指纹攻击。

（一）HTTP over SSH 流量分析

网站指纹攻击方法最初提出的时候，互联网上广泛部署的是 HTTP/1.0 协议。该版本协议采用非持久模式，每个 TCP 连接只能交互一个请求消息和对应的响应消息，在服务器端传送完一个对象后就会关闭该 TCP 连接，使之无法持续传输其他对象。这就意味着，针对载入的页面中每个待请求的对象，HTTP 的客户端（浏览器）都会建立并维护一个新的 TCP 连接。

如图 3 所示，当浏览器进行页面访问时，会和 Web 服务器建立一条 TCP 连接 1 来发送请求 1；当响应回答 1 发送完毕后，该连接断开。当要发送请求 2 时则会重新进行三次握手建立连接 2，以此类推进行后续的数据交互操作。通过嗅探数据可以获得一个网页的 TCP 连接个数及每个连接传送的数据总量，即对应了该页面的对象个数及大小。早期的网站指纹攻击技术使用这些信息作为指纹特征，识别效果十分显著。

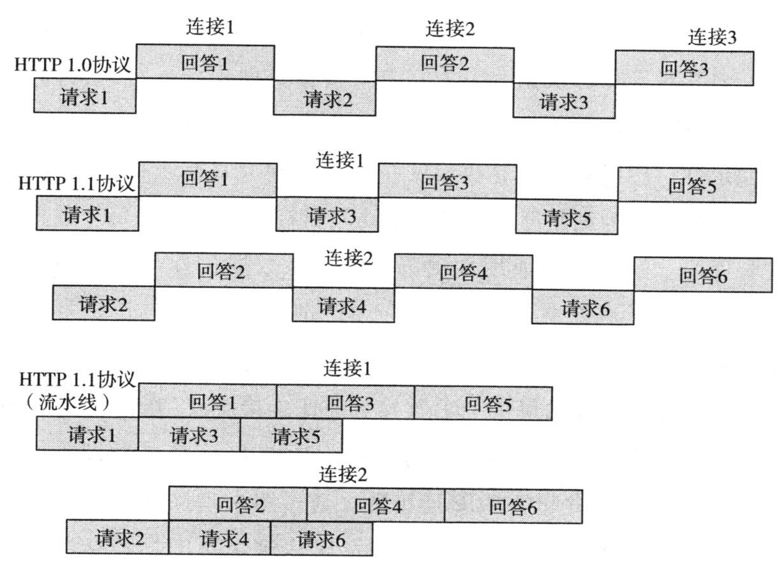

图 3　HTTP 协议各版本特点

但随着 HTTP/1.1 的普遍应用，其支持的持久连接和流水线技术隐藏了这些特征。持久连接技术是指服务器在发出响应后仍维持该 TCP 连接，后续请求和响应都可以通过这个连接进行交互。如图 3 中，连接 1 在传输完回答 1 后，并没有断开连接，而是继续发出了请求 3 进行后续对象的请求。在流水线模式下，HTTP 客户端在 Html 页面解析时每遇到一个对象引用就立即发出一个请求，允许连续发出多个请求。服务器端收到这些请求后，按顺序响应，即对应图中 HTTP1.1（流水线）部分，连接 1 发出请求 1 请求后不需要等待其响应回答 1 返回，可以继续发送请求 3、请求 5。而此时服务器会顺序地响应回答 1、回答 3 和回答 5。

如上所述，从嗅探的加密数据包中无法获得反映页面对象个数及大小的特征。再加上使用 SSH 代理进行 HTTP 访问的时候，SSH 协议规定了所有的流量都必须通过加密链路转发到同一个端口（默认为 22），多 TCP 连接被映射到同一个 SSH 链路的多个信道，导致数据包嗅探无法区分每个 TCP 连接产生的数据包。

同时，多信道的并行传输也使得数据包之间的顺序存在一定扰乱。尤其对于下行数据，因为它主要传输页面中嵌入对象的内容，相较上行 HTTP 请求多出了很多的数据包，使得包顺序具有很大的不稳定性，所以必须要寻找新的特征才能建立目标页面的指纹库。本文拟采用更为细粒度的特征，如访问目标页面产生的每个数据包的长度等。这些特征通用性更强，除非对数据包逐个进行特殊处理，否则是无法隐藏这些基本特征的。除了数据包包长等基本特征，SSH 协议本身的特性也产生了一些可供进行指纹识别的特征。对于浏览器新发起的每个 TCP 连接，SSH 连接协议[①]指出 SSH 会打开一个新的信道与之对应来传输数据，因此 SSH 信道数即为浏览器针对该页面所发起的 TCP 连接数。通过多次嗅探分析 Firefox 访问相同页面产生的匿名流量，我们发现其建立的 TCP 连接数和上行 HTTP 请求的顺序都很稳定，因此发起的 TCP 连接数（SSH 信道数）和上行数据包的顺序也可以作为指纹特征进行使用。

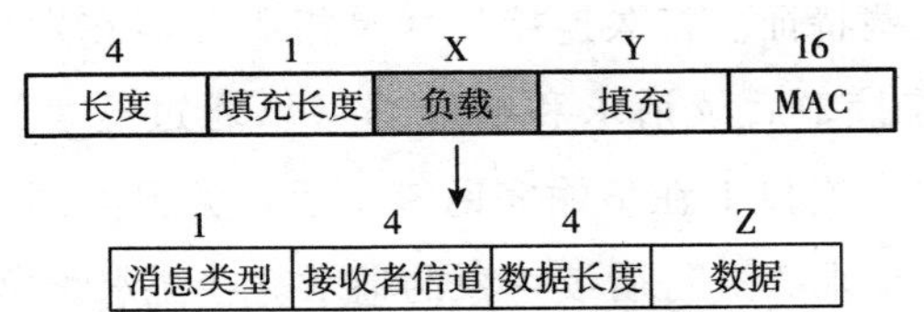

图 4　SSH 协议报文格式

---

① RFC4254：The Secure Shell（SSH）Connection Protocol，http：//www. ietf. org/rfc/rfc4254. txt，2006.

当 SSH 客户端请求打开一个新的信道时，会向 SSH 服务器发出一个 SSH_MSG_CHANNEL_OPEN 的消息。如果新的信道成功打开，服务器就会回复 SSH_MSG_CHANNEL_OPEN_CONFORMATION 消息，表示可以使用该新信道进行数据传输。SSH 包格式如图 4 所示，SSH_MSG_CHANNEL_OPEN 消息的包长一般被填充为 96 字节，SSH_MSG_CHANNEL_OPEN_CONFORMATION 消息的包长则为 48 字节。通过计算流量中含有此类信道建立控制包的个数就可以得知 Firefox 访问该页面时建立的 TCP 连接数。除了上述的信道打开相关的两类控制包外，SSH 客户端和服务器在进行数据转发的过程中，双方都还可能发出 SSH_MSG_CHANNEL_ CLOSE（32 字节）、SSH_MSG_CHANNEL_EOF（32 字节）、SSH_MSG_CHANNEL_WINDOW_ADJUST（40 字节）等控制包，这些控制包的出现频率受网络干扰影响较大，所以可以将这些长度的数据包过滤后再进行特征抽取。

（二）指纹特征的提取与比对

1. 特征提取

通过以上对 SSH 封装的匿名流量的分析，页面访问所产生的上下行流量存在各自的可区分特性。不同于现有工作，对于上下行流量统一提取相同的特征，如包长、顺序或者频率等，本文将嗅探获得的数据包分为上行和下行两类，根据其不同的特性，分别抽取特征生成对应的上行指纹和下行指纹。

（1）上行数据包。

在页面访问的过程中，上行数据包的大小和数量相对较小，且顺序比较稳定，可以抽取数据包的长度和顺序、SSH_MSG_ CHANNEL_OPEN 消息数以及所有数据包的总长度作为上行流量的特征。一条流记录的所有上行数据可以表示为 $F_{up}=\{x_1, x_2, \cdots, x_{s_x}, l_{tcp}, \text{sum}(s_x)\}$。其中 x_i 为除 SSH 控制包、ACK 包外的第 i 个数据包包长；l_{tcp}为该条记录中所含有的 SSH_MSG_CHANNEL_OPEN 消息数，即建立 TCP 连接的总个数；s_x 为该条记录中除控制包外所有的上行包个数，sum（s_x）则为这些数据包的总长度。

（2）下行数据包。

由于下行数据包数量较多，长度多为 MTU 值，且通过 SSH 封装后相对顺序紊乱，因此对于下行流量，本文只抽取其包长分布的统计信息作为特征值。可将一条记录中除控制报文以外的下行包表示为 $F_{\mathrm{down}}=\{f_{x1}, f_{x2}, \cdots, f_{x_{MTU}}\}$，其中 f_{x_i} 标志该条记录中包长 x_i 是否出现：出现为 1，不出现为 0。

2. 指纹比对

（1）上行指纹比对。

在前文描述的攻击场景下，当用户使用浏览器进行 Web 访问时，即使在间隔时间很短的情况下多次访问相同的网页，产生的上行数据包序列也会存在一定的差异性。这种差异可认为主要是由以下几类情况造成的，如图 5 所示。

数据包的合并和分裂：此类情况属于网络流量存在的普遍现象。机器的繁忙程度不同等会导致数据包的合并或分裂。

SSH 对相同的数据包随机填充长度不同：SSH 协议中规定会对数据包进行随机长度的填充，使得封装后的数据长度必须是块加密长度或 8 字节的倍数。但在工程实现时为了减少开销，一般都会尽量减少无意义的填充数据的长度。通过手动分析报文，可以发现相同的数据包往往也被填充成一样的长度。当然，必然也会存在一些数据包随机填充的长度不一致，使得多次访问相同网页得到的数据包序列存在差异。

数据包乱序：HTTP/1.1 采用了多 TCP 连接和流水线机制，当浏览器发起的多个 TCP 连接并发地传输请求数据包时，很大可能会产生数据包乱序的现象。除此以外，SSH 进行端口转发，将多个 TCP 连接映射到同一条连接的不同信道，也会加剧此类情况的出现。

数据包丢失重传：由于网络繁忙，通信对端没有接收到用户发出的某些请求数据包或者用户没有收到 ACK 报文，根据 TCP 的重传机制会对这些丢失的数据包进行重传。

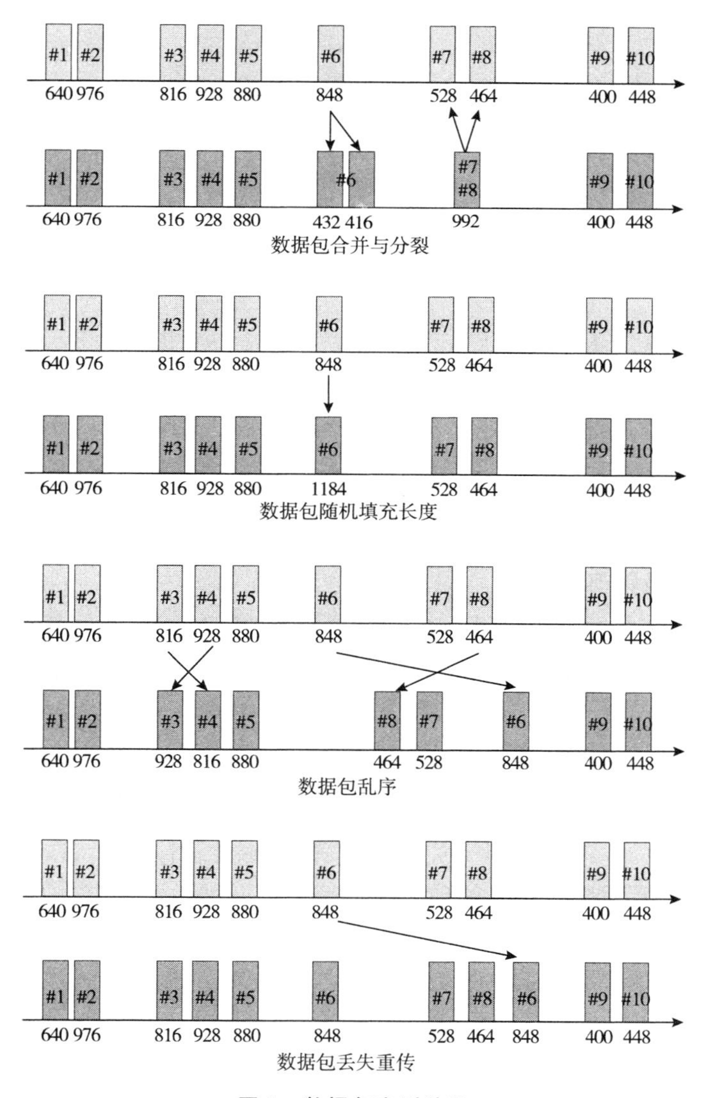

图 5　数据包序列差异

指纹比对是指通过测量未知类别的指纹和已知指纹之间的相似度来判断未知指纹最有可能的身份类别，之前的一些工作采用了 Jaccard 系数等相似度测量方法来进行指纹的匹配。但由于本文在抽取上行指纹时包含数据包的顺序和包长等特征，而分类器或 Jaccard 系数等方法都无法很好地处理这种数据包之间的顺序关系，所以并不适用于上行指纹的匹配。最长公共子串（Longest Common Substring）算法通过计算两个字符串 x 和 y 之间的最长不连续的公共子串，可以快速高效地对顺序序列进行相似度匹配。字符串 x 和 y 的相似度 $Lcssim(x, y)$ 计算如公式（1）所示：

$$Lcssim(x,y) = \frac{|lcs(x,y)|}{\max(|x|,|y|)} \tag{1}$$

其中，$|lcs(x,y)|$ 表示 x 和 y 的最长公共子串的长度，$\max(|x|,|y|)$ 用来进行规格化。

对于相同网站的两个指纹，我们发现鲁等人提出的最小编辑距离和最长公共子串算法计算相似度得到的结果基本保持一致，但当包序列出现乱序情况的时候，最长公共子串算法的结果优于最小编辑距离。

（a）对于 A 类中的数据包分裂的情况，假设属于相同类别的两个包序列 x 和 y，其中 y 序列出现了一次包分裂现象，其他都保持一致，则 $|y| = |x| + 1$。x 和 y 的编辑距离为 2，即需要一次删除和一次替换操作才能使得两个序列一致，则最小编辑距离计算两者的相似度为：$Edsim(x,y) = 1 - \frac{Ed(x,y)}{\max(x,y)} = 1 - \frac{2}{|x|+1} = \frac{|x|-1}{|x|+1}$；而 x 和 y 的最长公共子串长度为 $|x|-1$，相似度计算的结果为 $Lcssim(x,y) = \frac{|x|-1}{|x|+1}$，可得 $Lcssim(x,y) = Edsim(x,y)$。

（b）对于 A 类中的数据包合并的情况，和包分裂是类似的。

（c）对于 B 类填充长度不同导致序列差异的情况，两种算法计算的结果一致。

（d）对于C类中一个数据包相对位置改变的情况，假设属于相同类别的两个包序列 x 和 y，其中 y 序列出现了一个数据包位置改变的现象，其他都保持一致，则 $|y| = |x|$。而 x 和 y 的编辑距离为2，即需要一次删除和一次插入操作，则使用该算法获得的相似度为 $Edsim(x, y) = \frac{|y| - 2}{|y|}$，而两个序列的最长公共子串为 $|y| - 1$，相似度计算结果为 $Lcssim(x, y) = \frac{|y| - 1}{|y|}$，可得 $Lcssim(x, y) > Edsim(x, y)$。

（e）对于C类中两个非相邻数据包互换位置的情况，编辑距离为2，即需要两次替换操作，而此时的最长公共子串长度也是原串长减去2，两种算法结果一致。

（f）对于D类情况，编辑距离为1，最长公共子串也是原串长减1，两个算法结果相同。

综上所述，考虑到使用SSH加密代理封装的数据包流量中会出现较多乱序情况，在本文中选择使用最长公共子串算法来进行上行指纹的相似度匹配，提高属于相同类别的两个指纹的匹配程度。

除了比对包长和顺序这两个特征，我们还考虑了TCP连接总数和数据包总长度。上行指纹 $F_{up}(x)$ 与已知类别为 c_i 的指纹 $F_{up}(y)$ 的相似度计算如公式（2）所示：

$$\mathrm{sim}_{c_i}(F_{\mathrm{up}}(x)) = \alpha \times Lcssim(<x_1, x_2, \cdots, x_{s_x}>, <y_1, y_2, \cdots, y_{s_y}>) + \beta \times |l_{tcp}(x) - l_{tcp}(y)| + \gamma \times |\mathrm{sum}(s_x) - \mathrm{sum}(s_y)| \quad (\beta, \gamma < 0) \tag{2}$$

其中 α、β 和 γ 均为可调参数，为对应特征所占的权重系数，其数值设置与实验使用的数据集相关。但必须保证 β 和 γ 均为负数，因为 $|l_{tcp}(x) - l_{tcp}(y)|$ 和 $|\mathrm{sum}(s_x) - \mathrm{sum}(s_y)|$ 的值越大，

就代表两个记录中 TCP 连接数、数据包总长度差异越大，即两个指纹的相似度越低。

（2）下行指纹比对。

在下行指纹比对过程中，本文主要采用朴素贝叶斯分类器来识别一个指纹所属的网站类别。朴素贝叶斯分类器是目前使用最广泛的一种有监督的机器学习方法，它有坚实的数学理论基础，分类效率稳定。朴素贝叶斯假设目标对象的各属性之间相互独立，根据目标对象类别的先验概率，基于贝叶斯公式计算其后验概率，即该对象属于某一类别的概率，然后选择具有最大后验概率的类作为该对象所属类别。文献通过证明朴素贝叶斯最优性的充要条件，指出各个属性之间的依赖性会相互抵消。因而在实际情形下，即使所比对指纹的各个属性并不相互独立，它仍能获得较好的分类结果。对于一个未知指纹，朴素贝叶斯分类器针对每一个待选的网站类别 c_i，都会使用公式（3）计算该指纹身份为 c_i 的概率：

$$P_{c_i}(F_{down}) = p(c_i \mid F_{down}) = \frac{p(c_i)p(F_{down} \mid c_i)}{p(F_{down})} \propto p(c_i)\prod_{j=1}^{MTU} p(f_{x_i} \mid c_i) \quad (3)$$

其中，未知指纹 F_{down} 对于任意的类别 c_i，p（F_{down}）都相同，因此可以忽略。

3. 单个页面的指纹匹配

对于一个未知页面的指纹 F（$F = F_{up} \cup F_{down}$），根据上述方法分别抽取上行和下行指纹后，考虑到候选类别总数对贝叶斯分类器分类准确率和计算复杂度的影响，先进行上行指纹的相似度比对，从结果中抽取排名前 R 个候选类 $c_{i_1} \cdots c_{i_R}$（降序排列），记录下其对应相似度 $\mathrm{sim}_{c_{i_1}} \cdots \mathrm{sim}_{c_{i_R}}$；在下行指纹识别时，使得分类器只在 $c_{i_1} \cdots c_{i_R}$ 这 R 个类别中进行分类并获得对应的概率 $p_{c_{i_j}} \cdots p_{c_{i_R}}$，然后按照公式（4）即可计算出这个未知指纹 F 属于

这 R 个类别范围中 c_{i_j} 类的概率 $p_F(c_{i_j})$：

$$P_F(c_{i_j}) = \xi \times \frac{\mathrm{sim}_{c_{i_j}} - \mathrm{sim}_{c_{i_R}}}{\mathrm{sim}_{c_{i_1}} - \mathrm{sim}_{c_{i_R}}} + (1-\xi) \times p_{c_{i_j}} \qquad j \in (1,\ R),\ 0 < \xi < 1 \tag{4}$$

其中，由于上行指纹相似度需要和下行指纹进行加权相加，所以必须对上行指纹相似度值先进行归一化处理：$\frac{\mathrm{sim}_{c_{i_j}} - \mathrm{sim}_{c_{i_k}}}{\mathrm{sim}_{c_{i_j}} - \mathrm{sim}_{c_{i_k}}}$。此外，$\xi$ 和 R 均为可调参数，因为上行指纹的稳定性强于下行指纹，建议 $\xi > 0.5$。而 R 值则需要根据实际数据在匹配准确率和计算复杂度之间折中选择。当 R 个类别的概率都计算过后，其中最大值对应的类别即为未知指纹 F 的最终结果。

（三）多级页面联合指纹攻击

当一个用户进行 Web 访问的时候，通常不会仅局限于网站主页的访问，还会对页面中相关链接进行次级页面的访问。不同于现有工作只针对目标网站主页进行指纹攻击，本文根据被监管者的这种行为模式，引入隐马尔科夫模型进行场景建模，将单页面的指纹扩展到多级页面的联合指纹，更高效地进行网站指纹攻击。

隐马尔科夫模型是一种特殊的马尔科夫模型，它的状态是隐藏的，无法直接观察获得。但是每一个隐藏状态的转移都会输出和该隐藏状态相关的可观察值，通过这些输出值可以对隐藏状态进行推测。直观地说，HMM 可以分为可观察层和隐藏层，可观察层是一个输出值序列，其中每个可观察值出现的概率只和当前的隐藏状态有关；隐藏层是一个马尔科夫过程，可用状态转移概率进行描述。

一个 HMM 可以定义为一个五元组 $\{S, O, A, B, \Pi\}$：其中 $S = \{S_1,\ \cdots,\ S_N\}$ 表示所有隐藏状态的有限集合；$O = \{v_0,\ v_1,\ \cdots,$

$v_M\}$ 表示输出的可观察值序列；π_i 表示某个隐藏状态 S_i 为初始状态的概率，其集合记为 $\Pi = \{\pi_1, \pi_2, \cdots, \pi_N\}$；从隐藏状态 S_i 转移到另一个状态 S_j 的概率记为 a_{i_j}（i，$j>0$），$A = \{a_{i_j}\}$ 即为该 HMM 的状态转移概率矩阵；b_i（k）表示在隐藏状态 S_i 时出现观察值 v_k 的输出概率，其集合记为 $B = \{b_i(k)\}$，且满足 $\sum_{k=1}^{M} b_i(k) = 1$。

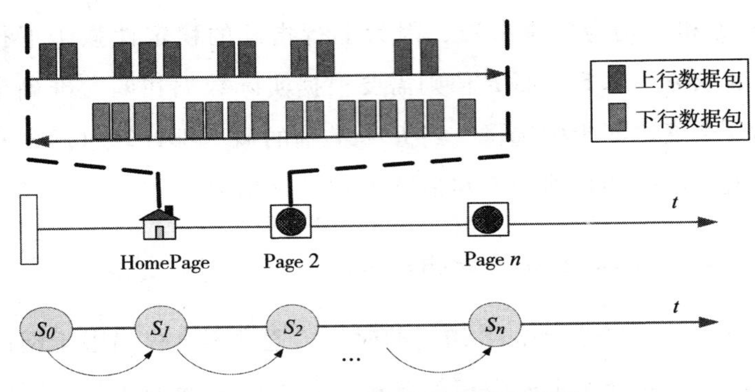

图 6　多级页面的隐马尔科夫模型

被监管者进行 Web 访问的模式如图 6 所示：被监管者首先访问某目标站点的主页，然后点击主页中的某个超链接进入次级页面 Page 2 的访问，以此类推，直至其浏览完 Page n 后结束本次 Web 访问。在此过程中，被监管者每访问一个页面，就会产生一系列的上下行流量。由于被监管者是通过点击当前页面中所含的链接才访问下一个页面，下一个页面的访问仅取决于当前页面，满足马尔科夫链的特性。被监管者通过 SSH 代理匿名访问某网站页面，攻击者只能观测到访问该页面所产生的流量，无法得知页面所包含的内容。因此可将每一次页面的访问视为一个隐藏状态，所有黑名单中站点的目标页面即构成了隐藏状态集合。在对目标网站构建隐马尔科夫模型时，我们没有使用现有的前向－后向算法，通过数据集训练来获得模型的各个参数，而是基于网站指纹识别的需求，根据目标网站的拓扑结构计算并设置各个参数。假设黑名单站点列表含有 N 个站点，每个站点有 n 个目标页面，则 $S=\{S_1,\cdots,S_n,S_{n+1},\cdots,S_{n+N}\}$。被监管者未产生流量时的状态记为一个可见状态 S_0，其第一个访问的目标网站页面的概率为初始状态的概率。考虑到攻击者无法获得被监管者的 Web 访问历史记录，根据最大熵原理，假定被监管者等概率地访问每个目标网站，且每次访问都是从该网站主页开始，即每个目标网站主页作为初始状态的概率 $\pi_{x*n+1}=1/N(x\in[0,N))$，其他非主页的目标页面作为初始状态的概率为 0。至于状态转移概率，则取决于两个页面之间的链接关系。当被监管者从当前页面 S_i 通过链接跳转到下一个页面 S_j 时，攻击者可以观测到其产生的一系列上下行数据包，通过使用特征提取方法产生的指纹即为观察值 v_k。

根据数据集中的样本记录，通过上述方法可以直接计算出所构建的 HMM 的各个参数，建立对应的模型。然后使用 Viterbi 算法寻找可能性最大的隐藏状态序列，即可得知被监管者访问的网站的真实身份。值得注意的是，在每一步递归计算 Viterbi 路径时，因为观察值 v_k 所属的类别是不确定的，还必须根据公式（4）来获得指纹匹配的相似度结果，具体计算方法如下：

$$\delta_j(1)=\max_{\omega\in C}P_{v_0}(c_\omega)b_j(v_0)\pi_j \tag{5}$$

$$\delta_j(t+1)=\max_{\omega\in C,j\in S}\delta_j(t)a_{ij}b_j(v)P_{v_t}(c_\omega) \tag{6}$$

$$\phi_{t+1}(i)=arg\max_{\omega\in C,j\in S}\delta_j(t)a_{ij}b_j(v)P_{v_t}(c_\omega) \tag{7}$$

其中，C 为观测到的指纹 v_k 所有可能的候选类别集合，$P_{v_t}(C_\omega)$ 表示观察值 v_t 属于类别 C_ω 的概率。通过上述对隐马尔科夫模型的修改和调整，一方面可以节省模型训练学习所需要的大量时间，另一方面也能防止因训练数据偏移导致所建模型与真实情况不符的情况的出现。

五 实验评估

（一）数据采集

为了评估指纹攻击方法的高效性，本文根据图 2－6 所示的攻击模型部署实验，在真实的互联网环境下进行数据采集。论文针对 Alexa 排名前 200 的网站，通过多次随机访问，选取了其中可稳定访问的前 100 个网站作为黑名单站点列表，并在 Ubuntu10.10 的客户端主机上使用 Firefox 3.6.13，通过 OpenSSH 代理来访问目标站点。我们在 Firefox 中应用 Pagestates 扩展，通过编写脚本以达到浏览器自动访问目标站点列表的目的。当 Firefox 载入一个页面时，Tcpdump 将被调用来记录所产生的加密数据包，并存入数据库。为了保证指纹攻击方法的工程可行性及与之前工作的可比性，我们根据第 3 节中提出的前提假设对 Firefox 浏览器进行了参数配置。在下行指纹的比对过程中，本文将修改开源工具 Weka 中的朴素贝叶斯分类器来实现分类。

考虑到多级页面建立隐马尔科夫模型的高复杂性，本文目前仅关注网站主页和次级页面的链接关系。首先对黑名单站点列表进行了扩展，对于每个网站的主页选取 25 个次级页面，即每个站点选取 26 个页面作为多级页面联合指纹攻击的目标列表，一共产生 2600 个链接。然后在 2 个月的时间内，每天访问这些目标页面 2 次，生成一个多级页面的数据集 SSH100，包含 312000 条记录。

此外，本文还使用了现有的公开数据集 Open SSH 2000。该数据集是由利伯拉托尔等人选择了 2000 个可访问的热门网站作为目标站点列表，进行了 2 个月的数据采集形成的。由于该数据集仅针对目标网站的主页进行数据抓取，无法实施多级页面联合指纹攻击方法，因此本文在该数据集仅实现了单个页面的指纹攻击方法，通过和利伯拉托尔等人的实验结果的比较，来验证所选流量特征的高区分性，以及相应匹配算法的有效性。

（二）实验参数设置

网站指纹攻击主要包括样本数据训练和未知数据测试两个阶段，而其最重要的结果评估准则就是该攻击方法的准确率。在实验过程中所涉及的参数设置，例如每组训练样本大小 ntrain、每组测试样本大小 ntest、训练样本和测试样本之间的间隔时间 Δt 等，都会在一定程度上影响攻击方法的准确率。为了设置合适的参数值，我们在数据集 SSH 100 上进行了小样本集的对照实验，在固定其他参数的情况下，带入待选参数的多个取值进行单个页面指纹攻击方法，然后根据所得的攻击准确率选取合适的参数。

直观地，指纹识别结果的准确率会随着训练样本的增大而呈上升趋势，但同时也会造成大量的计算开销。如图 7 所示，对于数据集 SSH 100，在 $\Delta t = 0.5$ 、测试样本大小 ntest = 4 的情况下，单个页面指纹匹配的准确率随着训练样本增加而逐步上升：当 ntrain = 1 时，准确率仅有 81.6%；当 ntrain = 4 时，准确率上升到 93.7%；当 ntrain 继续增大时，准确率基本趋于稳定，增幅下降。考虑到训练集增大会增加计算复杂度，以及与现有工作结果的可比性，我们在实验中将 ntrain 的值设为 4。

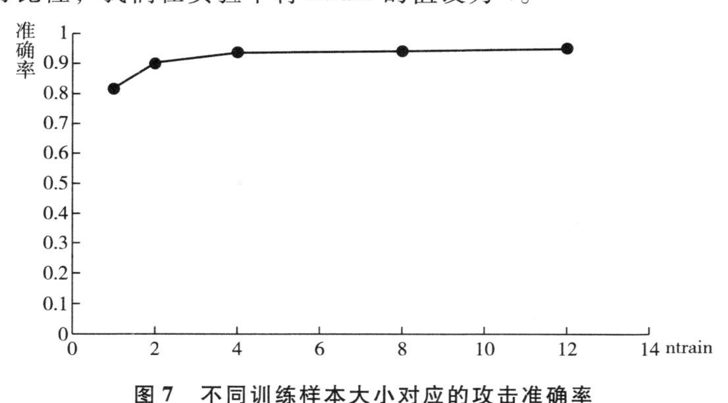

图 7　不同训练样本大小对应的攻击准确率

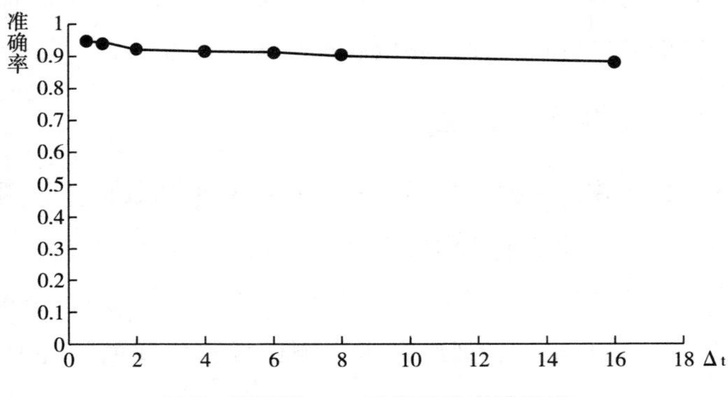

图 8　不同的 con 对应的攻击准确率

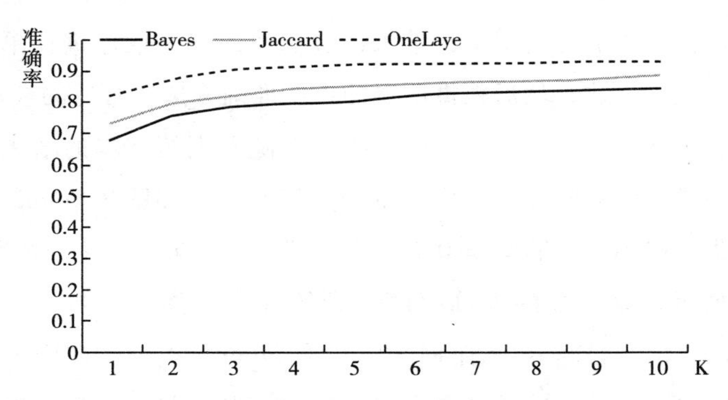

图 9　三种攻击在不同的 K 值下对应的攻击准确率

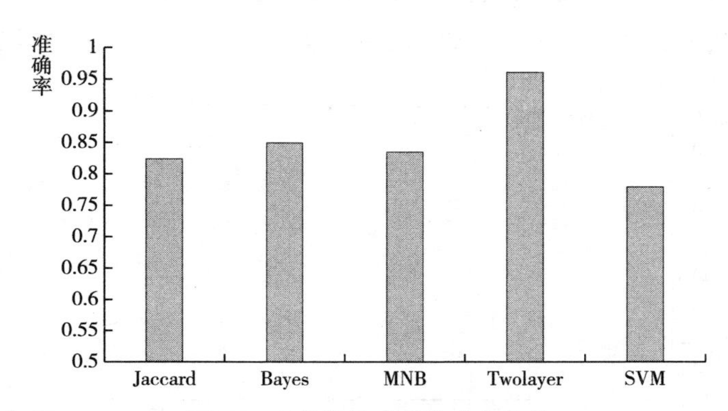

图 10　五种指纹攻击准确率比较

图8显示了在 ntrain = 4、ntest = 4 的条件下，单个页面指纹匹配的准确率随着间隔时间 Δt 增大的变化趋势。当目标列表中的站点普遍更新频繁的情况下，我们仍可以从图中明显看出，即使训练样本和测试样本之间存在较大的时间延迟，也只会轻微影响指纹识别的准确率。究其原因，是这些站点一般都只更新其页面中嵌入的文本或对象，并不会改变网页的总体架构，所以上行请求的数据包变化较小；而下行数据包多是用来传输页面所嵌入的对象，此类更新操作对于单个对象的数据包改变较大，但对整个页面报文长度分布的影响甚微。而本文所提出的攻击方法对于上行数据包进行顺序与大小的匹配，在下行方面则根据包长分布进行分类，因此即使是内容更新较为频繁的站点，该方法对于时间的延迟仍具有较高的鲁棒性。反之，即意味着我们不需要频繁地更新指纹库，却仍可以获得较好的指纹识别准确率。但为了更好地验证本文所提出的指纹攻击方法的高效性，在之后的实验中，我们将 Δt 的值设置为0.5。

（三）实验结果

对于数据集 Open SSH 2000，因为利伯拉托尔等人只针对目标网站主页进行数据采集，没有提供次级页面的流量数据，所以我们仅执行单个页面指纹匹配方法。如图9所示，在其他条件相同的情况下，当目标站点个数 N = 1000 时，单个页面指纹匹配（One Layer）获得了81.7%的识别率，相较于利伯拉托尔等人使用的 Bayes 和 Jaccard 系数方法，准确率提高了近9%。值得注意的是，One Layer 和 Bayes 方法的区别只在于我们对于上行流量提取了不同的特征，然后使用最长公共子串算法进行相似度比对，而在下行流量的处理上是一致的。如果将未知指纹的真实身份在分类预测结果排名前 K 位也视为准确识别的话，当 K = 3 时，仅使用单个页面指纹匹配方法就可以准确识别90%的记录的类别，而此时 Bayes 和 Jaccard 的识别准确率仅分别为 78% 和 82%，证明了我们所抽取指纹特征的高区分性以及相应匹配算法的有效性。

针对数据集 SSH 100，我们分别测试了 5 种指纹攻击方法：利伯拉托尔等人提出的 Jaccard 系数、使用核密度估计的朴素贝叶斯分类器、赫尔曼（Herrmann）等人提出的多项式朴素贝叶斯分类器、潘辰可（Panchenko）等人提出的支持向量机方法以及多级页面联合指纹攻击方法（Two Layer），实验结果如图 10 所示。当目标站点的类别为 100、$\Delta t = 0.5$、ntrain = 4 时，我们的两级页面联合指纹攻击方法获得了近 96.8% 的准确率。

在上述实验中，鉴于多级页面建立隐马尔科夫模型的高复杂性，本文仅针对两级页面这种最简单的情况进行攻击，而这已经获得了较好的实验结果。可以预期的是，当两级页面扩展到多级页面，甚至是目标网站的所有页面时，建立对应的精确的隐马尔科夫模型来进行网站指纹攻击，将会进一步提高攻击的准确率。

六 结束语

本文针对 SSH 加密代理匿名滥用的问题，在详细分析 SSH 封装的 Web 流量特征的基础上，将嗅探获得的数据包分为上行和下行两类，根据其不同的特性，分别抽取特征生成对应的指纹，然后根据待识别的指纹的特性选择了合适的比对算法，实现了单个页面的指纹匹配。通过在公开数据集上和现有工作进行实验比较，证明了所选特征的高区分性和匹配算法的高效性。同时，本文根据被监管者的 Web 访问模式，针对目标站点首页和次级页面之间的链接关系建立对应的隐马尔科夫模型，将单个页面指纹的匹配扩展到多级页面，实现了多级页面联合指纹攻击方法。互联网环境下的实验结果表明了该方法的高效性。

现有研究工作所采用的攻击模型普遍存在一些具有较大限制的前提假设，例如关闭浏览器的 cache 功能。虽然这些假设存在一定的合理性，但会降低攻击方法的实用性。因此，在下一步的工作中，将针对浏览器 cache 开启等情况进行指纹攻击方法研究。同时，鉴于破损数据对指纹攻击方法准确率的影响，如何区分并处理破损数据也是亟须解决的问题。

参考文献

Dingledine R, Mathewson N, Syverson P. Tor: The Second - generation Onion Router. In Proceedings of 13th USENIX Security Symposium, San Diego, CA, USA, 2004: 21 - 21.

Yu W, Fu XW, Graham X, Xuan D, Zhao W. DSSS - Based Flow Marking Technique for Invisible Traceback. In Proceedings of the IEEE Symposium on Security and Privacy (IEEE S&P), Oakland, California, USA, 2007: 18 - 32.

Zhang L, Luo JZ, Yang M, He GF. Interval Centroid Based Flow Watermarking Technique for Anonymous Communication Traceback. *Journal of Software*, 2011, 22 (10): 2358 - 2371.

Ling Z, Luo JZ, Yu W, Fu XW, Xuan D, Jia WJ. A New Cell - Counting - Based Attack Against Tor. IEEE/ACM Transactions on Networking, 2012, 20 (4): 1245 - 1261.

Hintz A. Fingerprinting Websites Using Traffic Analysis. In Proceedings of Privacy Enhancing Technologies Workshop, San Francisco, CA, USA, 2002: 171 - 178.

Sun Q, Simon D, Wang Y, Russell W, Padmanabhan V, Qiu L. Statistical Identification of Encrypted Web Browsing Traffic. In Proceedings of the 2002 IEEE Symposium on Security and Privacy (IEEE S&P), Oakland, California, USA, 2002: 19 - 30.

Bissias G, Liberatore M, Jensen D, Levine B. Privacy Vulnerabilities in Encrypted HTTP Streams. In Proceedings of Privacy Enhancing Technologies Workshop, Cavtat, Croatia, 2005: 1 - 11.

Liberatore M, Levine B. Inferring the Source of Encrypted HTTP Connections. In Proceedings of the 13th ACM Conference on Computer and Communications Security (CCS), Alexandria, Virginia, USA, 2006: 255 - 263.

Herrmann D, Wendolsky R, Federrath H. Website Fingerprinting: Attacking Popular Privacy Enhancing Technologies with the Multinomial Naive - Bayes Classifier. In Proceedings of the 2009 ACM Workshop on Cloud Computing Security (CCSW), Chicago, Illinois, USA, 2009: 31 - 42.

Lu L, Chang E, Chan M. Website Fingerprinting and Identification Using Ordered Feature Sequences. In Proceedings of the European Symposium on Research in Computer Security (ESORICS), Athens, Greece, 2010: 199 - 214.

Ling Z, Luo JZ, Zhang Y, Yang M, Fu XW, Yu W. A Novel Network Delay Based Side - Channel Attack: Modeling and Defense. In Proceedings of the 31th IEEE International Conference on Computer Communications (INFOCOM), Orlando, Florida, USA, 2012: 2390 - 2398.

Panchenko A, Niessen L, Zinnen A, Engel T. Website Fingerprinting in Onion Routing - based Anonymization Networks. In Proceedings of the Workshop on Privacy in the Electronic Society, Chicago, IL, USA, 2011: 103 - 114.

Yu S, Zhou W, Jia W, Hu J. Attacking Anonymous Web Browsing at Local Area Networks through Browsing Dynamics. *The Computer Journal*, 2011, 55 (4): 410 - 421.

Wright C, Coull S, Monrose F. Traffic Morphing: An Efficient Defense against Statistical Traffic Analysis. In Proceedings of the 14th Annual Network and Distributed Systems Symposium (NDSS), San Diego, California, USA, 2009: 1 - 14.

Dyer K, Coull S, Ristenpart T, Shrimpton T. Peek - a - Boo, I Still See You: Why Efficient Traffic Analysis Countermeasures Fail. In Proceedings of the 33rd IEEE Symposium on Security and Privacy (IEEE S&P), Oakland, California, USA, 2012: 332 - 346.

Cai X, Zhang X, Joshi B, Johnson R. Touching from a Distance: Website

Fingerprinting Attacks and Defenses. In Proceedings of the 19th ACM Conference on Computer and Communications Security (CCS), Raleigh, NC, USA, 2012: 605 - 616.

Luo X, Zhou P, Chan E, Lee W, Chang R, Perdisci R. HTTPOS: Sealing information leaks with browser - side obfuscation of encrypted flows. In Proceedings of the Network and Distributed Security Symposium (NDSS), San Diego, California, USA, 2011: 1 - 20.

Lewis D. Naive (Bayes) at Forty: The Independence Assumption in Information Retrieval, In Proceedings of the 10th European Conference on Machine Learning, Chemnitz, Germany, 1998: 4 - 15.

Zhang H. The Optimality of Naive Bayes. In Proceedings of the 7th International Florida Artificial Intelligence Research Society Conference, Miami Beach, Florida, 2004: 562 - 567.

Rabiner L. A Tutorial on Hidden Markov Models and Selected Applications in Speech Recognition. In Proceedings of the IEEE, 1989, 77 (2): 257 - 286.

Viterbi A. Error Bounds for Convolutional Codes and an Asymptotically Optimal Decoding Algorithm. *IEEE Transactions on Information Theory*, 1967, 13 (2): 260 - 269.

Witten I, Frank E. Data Mining: Practical Machine Learning Tools and Techniques, Second Edition (Morgan Kaufmann Series in Data Management System). Morgan Kaufmann, USA, June, 2005.

（作者：顾晓丹、杨明、罗军舟、蒋平，本文原载于《计算机学报》2015 年第 8 期）

特定人群网络行为识别与管控关键技术研究

一　引言

目前，互联网已经覆盖了全球200多个国家和地区，它的普及与快速发展给人们的日常工作与生活带来了极大的便利，并渗透到了各个行业与领域中，使得越来越多的个人、企业以及政府依赖于互联网。然而由于现有网络的开放式架构及其日益复杂、异构和泛在的特点，目前互联网在网络实现、运行管理的各个环节都表现出脆弱性。近年来，网络犯罪案件一直呈上升趋势，且犯罪的主体年轻化、方式专业化、手段多样化、对象广泛化，给社会带来巨大的危害。例如不法分子利用网络传播淫秽电子信息牟取暴利，或者通过社会工程等技术进行信息盗取、网络诈骗等。据CNNIC的统计报告显示，仅2013年上半年，就有近4.38亿的网民遭遇安全事件，其中，钓鱼网站发生比例高达21.6%，而中病毒或木马的用户数量超过7700万，总体经济损失达到了196.3亿元。

鉴于当前的网络体系已经暴露出严重的不足，网络正面临着严重的安全和管理等重大现实挑战，设计能保障下一代网络可控性的监管、取证技术成为当今网络发展的迫切需求。现有的国内外常用的网络监管技术主要包含IP过滤、DNS过滤、深度包检测等，通过对用户的源 IP、目的 IP、通信协议及端口、上层应用内容等信息进行分析，实现对用户不规范行为的审查与管理。但由于一些伪装技术，尤其是匿名通信技术的应用，可以对用户的流量甚至身份信息进行隐藏，使得这些监管技术无法满足高效审查的需求，网络监管面临严峻的挑战。而在数字取证方面，由于数字证据具有与一般犯罪证据不同的特点，例如数字证据的脆弱性、不可靠性、表现形式的多样性等，所以对其获取和准确可靠的保证一直是网络犯罪案件侦破工作的难点。总体而言，国外对上一代网络犯罪问题研究较深，但对下一代网络犯罪及对策研究处于刚起步阶段，理论和技术都欠成熟，没有现成的管理模式和较好的应用示范。国内也尚处初级阶段，取证技术的研究较滞后，并未见成熟的理论和技术，难以跟上网络的发展速度。因此我国目前对于网络犯罪的控制率不高，犯罪数量较多，造成损失也较大。

此外，由于高速网络不断产生大量的流量数据，网络监管技术在使用传统关系型数据库进行流量分析时，面临着数据库扩展的开销不断攀升、数据导入时间快速增长、SQL 语言难以满足多样化的数据处理需求等难题。云计算技术，以及随之产生的大数据处理技术为解决这些难题提供了契机。云计算是一种利用互联网实现随时随地、按需、便捷、弹性地使用共享资源池（如计算设施、存储设备、应用程序等）的计算模式。它以数据中心的形式管理大规模服务器机群，向上层用户提供海量存储能力和超强计算能力，为大数据处理和分析的高效执行提供了较为完备的软硬件基础平台。云环境下的典型数据处理系统有 Apache Hadoop、Microsoft Azure 和 Google MapReduce 等，它们采用并行计算（Data - Parallel Computation）的思想，先将庞大的数据集划分为若干个小数据块，然后分配大量计算任务，并行地对每个小数据块分析处理，从而提高数据吞吐率，加快数据处理的速度，可以有效地满足流量分析时海量数据处理的需求，这就为面向下一代网络的特定人群网络行为的识别、监管、取证技术提供了有力的支撑。

本文拟结合公安机关加强现有网络安全和打击网络犯罪的实际工作背景，构建一个基于云计算的高性能网络流量采集与分析、特定人群行为关联识别到网络追踪的完整闭环结构的综合网络监管体系，为下一代网络提供网络监管技术的有力支撑。通过研发基于云计算的网络流量采集与分析平台，解决当前网络中大数据流量的高速存储与分析问题，并针对特定人群建立流量数据中心平台。基于该数据中心平台，对特定人群的网络行为进行识别并关联，实现对特定人群的网络监控。针对特定人群中利用匿名通信网络实施的隐蔽网络犯罪，本文提出采取基于网络流水印的追踪技术，确认可疑通信双方的通信关系。通过研发一整套完整的网络监管综合系统并在南京市公安机关实施应用示范，将形成全面提高公安机关对特定人群网络监管能力、预防及打击网络犯罪的动态闭环系统。

二　技术基础

1. 网络用户识别技术

目前，研究人员普遍采用生物特征识别技术来对用户的身份进行识别。生物特征识别技术是一种利用人体所固有的生理特征或行为特征来进行身份识别的技术。总的来说，生物特征识别技术可以分为两类：基于生理特征和基于行为特征。前者是采集身体各部分的特征，已存在了多种成熟的技术并在实际中广泛应用，如指纹识别、人脸识别、虹膜识别等。而基于行为特征的识别技术是指抽取用户的动作中所包含的技巧、知识、样式、偏好和策略等信息来形成指纹，对用户的身份进行识别。例如，研究人员通过分析，认为每个用户的鼠标运动都存在自己的行为模式，即不同的用户在使用鼠标时的移动、点击、拖动、释放和安静会存在差异。普萨拉（Pusara）等人将鼠标运动事件划分为滚轮事件、点击事件、菜单和工具栏区域的移动事件这三类，其中点击事件又分单击和双击两种。然后利用决策树模型对11个被测用户进行分类，获得了0.43%的误报率和1.75%的漏报率。而格姆博（Gamboa）等人对鼠标运动轨迹进行了更为细化的分析，提取了鼠标当前位置的坐标、水平移动速度、垂直移动速度、切向速度和加速度等特征来形成指纹，对用户进行唯一识别。郑（Zheng）等人从鼠标移动的每一个数据点中提取了方向、曲率角和曲率距离等特征来形成指纹，然后使用支持向量机进行指纹的识别，在实验验证阶段，克服了之前研究样本太小的问题，选择了在1000个用户的数据集上实验，结果表明该方法只需要20次连续的鼠标点击就可以高效地识别用户，误报率和漏报率都仅为1.3%。类似的，不同的用户在键盘输入时的行为习惯不同，击键行为也存在个体差异，通过从这些差异中提取行为指纹，也可以有效识别用户。蒙罗斯（Monrose）等人提取了用户击键时的间隔时间和每次按键的持续时间等信息作为行为指纹，提出了一种基于击键模式的用户认证方法。在此基础上，都厚（Douhou）等人通过大规模的实验验证了该方法的有效性。他们首先让1254个参与者输入相同的字符，每个人都输入20次，并将这些击键信息都记录下来进行识别，结果表明基于击键时的间隔时间和按键的持续时间生成的指纹可以高效地识别不同的用户，并指出持续时间特征比间隔时间的区分度更高。艾勒（Ilonen）通过对击键动作的进一步分析，认为除了击键的间隔时间和按键的持续时间之外，平均按键速度、使用退格键和数字键盘的频率、使用组合键时的先后顺序、按键力度等特征都可以在一定程度上来对用户的身份进行识别。

在网络领域，帕德曼纳汉（Padmanabhan）等人发现不同的用户在浏览相同的Web网站时行为会存在差异，他们对真实的数据进行分析，提取了用户的点击方式和浏览路径信息，生成行为指纹来唯一标识用户。杨（Yang）使用数据挖掘技术从网页使用数据集中挖掘出每个用户行为的关联规则，并基于支持度和提升度的概念提出了3个强度评估标准来对这些规则进行过滤形成指纹，然后再计算指纹之间的距离来进行识别。此外，研究人员对发送E-mail的行为也进行了分析。不同的用户可能会使用不同域名的邮箱，在不同的时间段查看和发送邮件，通信的对象也会存在很大的差别。基于这些事实，可以提取E-mail的长度、发送时间、发信人和收信人地址、收件箱清空频率等特征进行识别。凡（Vel）等人还提取了用户所使用的问候语和送别语、签名、附件数量、正文中引述内容的位置、Html标签总数及频率分布等200多个特征来形成行为指纹。其实这种高维特征在生物特征识别过程中是普遍存在的，如对鼠标轨迹建模时会涉及多个点的位置坐标、各个方向的速度和加速度等信息，击键行为建模时也需要对较长的击键序列进行处理。针对高维特征普遍存在的情况，莱科（Lackner）等人在进行E-mail行为识别时，提出使用激活模式的概念来对明文的E-mail头部数据进行识别，即通过将所提取的多个特征以及特征间的关系存储到语义网的节点和边中，然后使用扩散激活算法生成激活模式，该模式允许使用多种分析方法对用户的行为进行分析，如语义搜索、监督学习等，从而识别用户。

上述的生物特征识别技术方面的研究工作可以证明根据用户的行为指纹来对其身份进行识别是可行的。而用户由于行为习惯、偏好等不同，其网络访问的行为模式也是各自不同的，而这种不同的外在表征就是其所形成的网络流量。为了在流量层面对用户进行识别，早期的技术都是通过识别数据包中IP地址或者

MAC 地址等标识符来实现的。然而，这种基于标识符的方法本质上并不是对用户的识别，一旦用户更换其 IP 地址，甚至更换了上网设备，这些方法都会失效。而且目前的 ISP 都采用动态分配地址给其用户的方案，使得用户更换 IP 的频率愈加频繁。因此，研究人员将行为指纹识别技术引入到网络流量识别中。肯帕特（Kumpot）等人认为用户所访问的网站及其频率反映了个体喜好，可以作为行为指纹进行识别。他们利用二维矩阵存储数据包中所提取的源 IP、目的 IP、出现频率等信息，即（i，j）的值表示第 i 个源 IP 对第 j 个目的 IP 发起连接的频率，第 i 行向量就是第 i 个源 IP 的行为指纹向量。通过使用 IDF 和余弦相似度算法比对不同源 IP 的行为指纹向量，即可对用户的身份进行识别，关联相同用户产生的流量。类似的，赫尔曼（Herrmann）等人从流量中提取了用户所访问的目的域名及对应的频率形成指纹，然后使用多项式贝叶斯分类器进行分类。在包含 28 个志愿者所产生的 HTTP 流量的数据集上进行实验，获得了 73% 的准确率。由于实验所用的数据集很小，不足以证明该方法的现实可行性，他们在后续的工作中进行了大规模的实验。通过在一个含有 2100 多个并发用户产生的所有 DNS 请求的数据集上进行测试，并使用余弦相似度算法对噪音数据进行了过滤，最终获得了 88% 的准确率，证明了基于行为指纹的用户流量识别技术的可行性。此外，他们还通过大量的实验对 3 种识别方法进行了评估和比较：多项式朴素贝叶斯分类器、最近邻算法和关联规则挖据技术。庞（Pang）等人则从协议和用户喜爱角度出发，提出使用目的地址、网络名、802.11 选项配置和广播包包长来对用户进行识别。

2. 网络通信主体的追踪和定位技术

传统网络追踪技术的主要方法有 IP 地址和 MAC 地址获取技术。IP 地址获取技术主要使用 ping 或 tracerouter 命令来获取地址，但嫌疑者可以通过监听ICMP报文或者禁用ICMP应答来阻止监控者获取IP地址。IP地址也可以通过监听技术，查看嫌疑流量中IP包头信息中的源地址和目标地址的方法获得，但由于匿名通信系统的出现，获取的IP地址一般都是匿名代理节点的地址，因此基于IP包头信息的传统方法对这类系统不再有效。MAC地址只能使用在硬件层上，由于IP地址和MAC地址的转化是通过查询ARP表来实现的，因此可以通过查询ARP表来获取MAC地址，然而现在有很多软件可以修改MAC地址，因此不能完全信任获取的MAC地址。

现有针对匿名通信网络中的追踪技术，可按与研究目标相对应的实体进行分类：针对数据包和数据流的追踪技术。

基于数据包（Packet Based）的追踪是利用诸如数据包到达的间隔时间进行追踪。莱韵（Levine）等人提出采用流量分类器将到达接收方的加密Web数据包的分布与已有数据库中加密Web数据包的分布情况进行相似度比对，如果能在已有的数据库中找到相似度超过一定阈值的Web流量，说明嫌疑人正在访问该Web网站。然而该技术需要事先存储大量不同网站的Web流量作为比对数据库，这需要耗费大量的存储资源与宝贵的时间，此外随着网站的更新速度的不断加快，该技术的准确率将会下降。王（Wang）等人提出了基于间隔时间的信号技术以识别嫌疑者的通信关系。该技术的思想是改变发送方的数据包时间间隔以达到嵌入信号的目的，然后在接收方处识别出相应的信号。但该基于数据包时间间隔的技术不能有效地追踪基于batching策略的匿名网络，该策略将会调制数据包之间的到达间隔。而且该追踪技术需要10分钟左右的时间对流量进行调制信号后才能达到一定的准确率，不能实现对短流量的追踪。科亚维奇（Kiyavash）等人提出了采用多流量叠加的方法来检测王等人提出的基于时间的信号追踪技术，由于该技术调制流量后加大了数据包之间的时间间隔，采用反证法的思想，即多条正常流量叠加以后仍然能检查出数据包之间有大的时间间隔现象是个小概率事件，如果将多条调制了时间间隔的流量叠加后仍然能检测出流量中的大时间间隔，即小概率事件发生了，则可以判定这些流量是被嵌入信号的。

付（Fu）等人最先提出了基于数据流（Flow Based）的追踪，将发送端在单位时间内到达数据包的数量与接收端单位时间内到达数据包的数量进行相似性比对，如果两条流量的相似性能达到一定阈值，则认为发送双方正在通信。但该方法对时延较敏感，如果匿名通信系统的延迟较大，该方法的准确性会受到很大的影响。摩多其（Murdoch）等人假设嫌疑人正在访问受监控的目标节点，然后使监控的目标节点发送特定模式的大流量，以增大各个 Tor 节点的负载，使得通过该电路中的各个 Tor 节点转发数据包的延迟增大。同时监控者控制一个 Tor 节点与其他节点建立一跳环路，通过发送测试数据包检测其延迟情况来推测该节点的负载变化模式，若被测试节点负载变化情况与发送流量模式相同，则可认为该节点经过受干扰的 Tor 电路。该方法只能追踪到嫌疑人所建立电路中的各个节点，无法追踪到真正的嫌疑人，而且随着近年 Tor 网络规模的扩大，Tor 的流量也随之增大，节点负载变化情况复杂，监控者已很难依靠单一的电路流量来干预 Tor 节点负载变化状态。于（Yu）等人提出了采用 PN（Pseudo - Noise，伪噪声）码的基于 DSSS（Direct Sequence Spread Spectrum，直序扩频）的流标记追踪技术，通过干涉发送端的流量速率，将隐蔽的扩频信号嵌入到目标流量中。若检测人员在接收端流量中检测到相应的扩频信号，即可确认发送者与接收者之间的通信关系，从而达到了追踪的效果。但为了能够准确地确认匿名网络中用户之间的通信关系，该技术需要采用较长的 PN 码来调制一个信号，并且对目标流量要求有一定大的流量才能调制成功。这些限制使得该技术很难实现对匿名网络中的短流量实施快速的追踪。有研究表明，对基于 DSSS 的流标记技术的盲检测方法可以无须知道 PN 码，其思想是利用 DSSS 的扩频信号具有自相关性的特点，根据流量速率的时间序列来计算 MSAC（mean - squareautocorrelation，均方自相关）系数。若此流量嵌入了 DSSS 的信号，由于采用同质的 PN 码调制的流量将产生自相关性，计算得到的 MSAC 会显示出周期性峰值。

3. 云计算与大数据处理技术

目前，云计算平台已被广泛地应用于各个领域，包括城市管理、电子政务、园区服务以及医疗卫生、互联网、教育、金融。我国也在大力推行基于云平台的应用创新，例如基于云计算的电子政务公共平台、城市应急管理云平台、北京面向特大型城市的交通出行信息服务云等。

面对快速增长的数据处理需求，云计算采用高度并行化的计算模式实现对海量数据处理的有效支持，从而产生了诸多 PaaS 层数据并行计算平台。这些平台往往包含一个面向底层数据组织与管理的分布式文件系统和一个面向上层的数据处理引擎。在分布式文件系统方面，最具代表性的是由 Google 公司提出的商用分布式文件系统 GFS（Google File System），它可以支持 TB 级甚至 PB 级的海量数据存储。GFS 采用 size - aware 数据划分策略将文件切分成等大小的数据块，放置在大规模机群之上，并利用副本技术保证数据的可靠性和可用性。为了进一步研究和改进 GFS，什瓦契科（Shvachko）等人基于 GFS 基本思想为云计算开源项目 Hadoop 设计了 HDFS（Hadoop Distributed File System），在实现 GFS 基本功能的同时也为研究人员提供了深入理解 GFS 的系统平台。然而，GFS、HDFS 均采用集中式方法管理元数据信息，存在性能瓶颈和单点失效问题。为此，德·坎迪亚（De Candia）等人设计了基于 P2P 结构的 Dynamo 存储系统，利用分布式哈希技术将文件元数据分散在各个计算节点之上，可以有效避免单点失效问题。在数据处理引擎方面，Google 提出了 Map Reduce 并行程序编程模型，它将计算作业分解成 Map 和 Reduce 两个阶段，每个阶段可划分成大量子任务并行执行，通过良好的横向扩展能力（scale - out）实现海量数据的高效处理。然而，实际应用中仍然存在诸多问题，难以抽象成 Map Reduce 模型加以求解。为此，Isard 等人设计了 Dryad 框架，用有向无环图（DAG）形式定义数据处理流程，将面向两阶段处理的 Map Reduce 扩展至多个阶段，增加了并行编程框架的灵活性和普适性。

然而，云计算并行计算平台由于缺少索引、物化、视图等传统数据库优化机制，其执行性能在同等硬件条件下往往低于传统数据库、数据仓库。因此，部分研究人员着眼于将两者进行有机融合以达到优势互补。为了整合传统并行数据库在性能上的优势和云计算并行计算平台在扩展性上的优势，研究人员提出了并行数据库和 Map Reduce 的混合架构，包括：并行数据库主导型、Map Reduce 主导型、Map Reduce 和并行数据库集成型三类。并行数据库主导型方面，主要有两个商用系统 Aster 和 Greenplum，Aster 将 SQL 和 Map Reduce 进行结合，提出了 SQL/Map Reduce 框架，允许在 SQL 中嵌套一个 Map Reduce 函数作为子查询，既保留了 SQL 的易用性又获得了 Map Reduce 的开放性。Greenplum 则在并行数据库执行引擎中加入对 Map Reduce 的支持，在代码级整合 SQL 和 Map Reduce：SQL 可以直接使用 Map Reduce 任务的输出，Map Reduce 也可以使用 SQL 结果作为输入。Map Reduce 主导型则更关注在已部署 Map Reduce 框架的系统平台上实现对 SQL 的支持以改善 Map Reduce 的易用性，代表系统有 Hive、Pig Latin 和 Hyracks 等。Hive 是架构在 Hadoop 之上的数据仓库，提供类 SQL 的描述性语言 HiveQL，通过实现 SQL 接口简化 Hadoop 上的数据聚集、ad - hoc 查询及大数据集的分析操作。Pig Latin

和 Hyracks 均为类似于 Hive 的大数据分析平台，它们和 Hive 的主要区别在于上层语言接口，Hive 提供的是类 SQL 接口，而 Pig Latin 和 Hyracks 提供的是基于操作符的数据流形式的接口。Map Reduce 和并行数据库集成型的代表性系统是耶鲁大学提出的 Hadoop DB、斯通布雷克（Stonebraker）等人提出的 Vertica。Hadoop DB 的核心思想是利用 Hadoop 作为调度层，关系型数据库作为执行引擎，借助 Hadoop 获得较好的容错性和对异构环境的支持，通过将查询尽可能推入数据库中执行来获得数据库在性能上的优势。Vertica 则在其系统内部实现两个执行引擎，非结构化、复杂的批量处理由 Hadoop 完成，而结构化、交互式查询则由 Vertica 本身完成，但是对结构化、大数据复杂查询分析仍然面临性能和扩展性问题。

三　特定人群网络行为识别与管控关键技术

1. 高速网络环境下基于云计算的信息采集与分析

（1）基于多硬件队列网卡的高性能网络抓包。

采用支持多硬件队列的高速网卡，并利用多 CPU 内核架构的计算机，设计多线程并行抓包模块对每个硬件队列进行并行抓取，以提高报文抓取的效率。为此，需要开发 Linux 内核模块抓包引擎，通过内存映射将报文从内核态直接映射到用户态，减少对报文的复制操作，同时在应用层开发多线程并行报文处理模块，对多个队列中的报文并行处理，以提高报文处理数量，如图 1 所示。

（2）基于分布式系统的大数据存储。

设计数据存储的方案，将海量网络数据报文存储在云存储平台中，以便实现进一步的高速分析。为此，抓取的报文需要按照 pcap 格式进行存储并设计流量拆分方案，然后将拆分的网

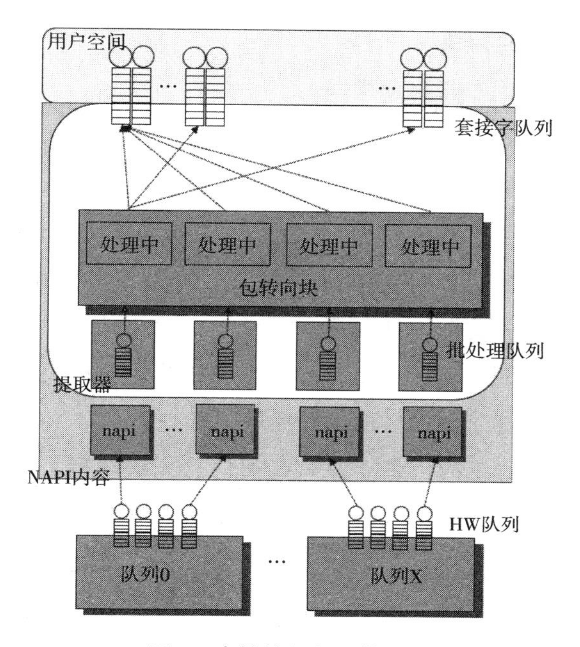

图 1　高性能抓包引擎架构

络流量存储在 Hadoop 分布式系统中并作为深度报文分析的输入数据。

（3）基于云计算的深度报文分析。

研究基于云计算的深度报文分析技术，先将流量数据从 Hadoop 分布式系统中读取，然后设计并实现基于 Map Reduce 的深度报文检测算法，最后将获得的数据保存在中心数据仓库。

2. 网络用户行为建模和关联识别

针对网络用户无法关联识别的问题，本次研究依据网络用户不同的行为习惯及偏好，研究建立网络用户行为模型，并根据该模型从流量数据中提取出对应的特征，然后再进行匹配关联。针对所提取的特征存在高维、冗余或不相关等突出问题，设计过滤式特征选择算法，利用随机搜索策略从特征空间中提取稳定度高且区分性能高的特征子集形成指纹，并实现统一的网络用户行为指纹数据中心的构建。

（1）网络用户行为建模。

基于自相似性理论，从用户行为的角度出发，从流量中提取能表征用户网络行为习惯及偏好的特征，研究设计网络用户行为识别与关联方法。通过对用户网络行为及流量数据的深入分析，建立其行为习惯偏好等与流量表征的对应模型。并在此基础上，采用流量分析、关键字匹配等技术提取明文流量中的有效特征，主要可分为以下三类：强标识符、终端相关的弱标识符以及用户相关的弱标识符。本项目拟优先提取强标识符，如 Cookie 等可以唯一标识用户身份的信息。如果此类信息无法获得，则提取终端相关的弱标识符信息，然后对这些信息进行分析处理，推断出关于用户访问习惯及喜好相关的弱标识符，如根据协议、端口和目的地址推断应用类型或所访问网站的类型等。其中为了要获取用户访问喜好类型等特征，还须对应用层数据内容进行分析，拟采用文本自动分类技术对网页标题或者正文进行处理，提取网页内容主题所属类型。

（2）特征选择和建库。

当流量中相关的有效特征均被提取后，还须对各个特征进行评估。本项目拟基于各特征值的分布统计特性，区分偶发性值和非偶发性值，然后采用过滤式特征选择框架，使用随机搜索策略，在特征空间中搜索并生成特征子集，利用信息度量、关联度量等方法对各特征子集进行定量估计，选择稳定且区分度高的特征子集生成行为指纹，并将这些指纹存储到数据库中，构建统一的网络用户行为指纹数据中心，并对现有公安系统提供访问接口实现对接。

（3）行为指纹关联识别。

在行为指纹关联识别阶段，本项目拟采用合适的机器学习算法对所生成的指纹进行分类，关联产生该流量的网络用户。

3. 网络通信主体的追踪和定位

（1）流水印追踪架构。

基于流层次的追踪技术主要通过在特定流中嵌入水印来实现。为了证实发送方和接收方之间的通信关系，位于发送方的追踪者（干涉方）选定一组由位 1 或 0 构成的二进制信号，并将该信号嵌入需追踪的发送方流量中。若位于接收端的另一位追踪者（嗅探方）能从目标流量中恢复信号，则可确认他们之间的通信关系。

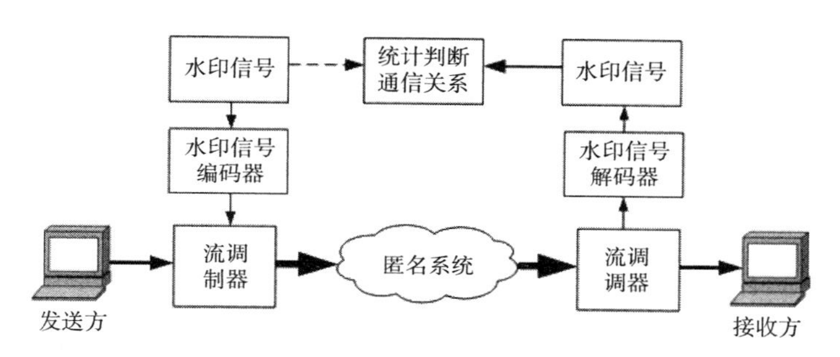

图 2　流水印追踪架构

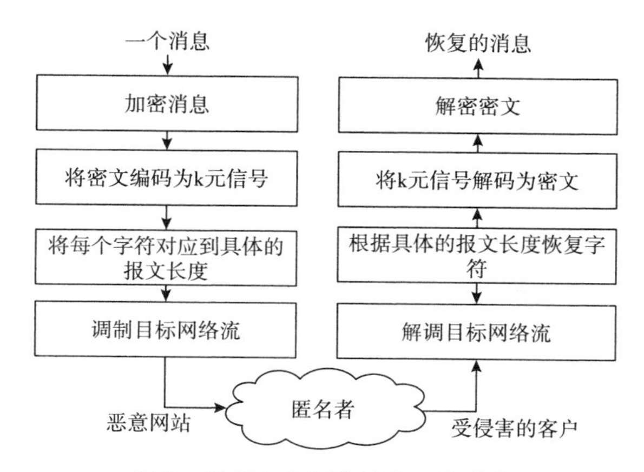

图 3　基于包的网络追踪工作流程

为了保证追踪的准确性和隐秘性，须对水印信号本身、水印载体以及水印嵌入流的方式进行合理的设计与选择。本项目将在

图 2 所示的流水印追踪架构下，研究追踪方案所涉及的各个关键技术，主要包括水印信号编码/解码算法、流调制/解调器的设计等。此外，由于不同的流量模型往往须使用不同的水印载体和嵌入方法才能进行有效追踪，必将增大追踪技术的复杂性和局限性。图 3 是基于包的网络追踪工作流程示意图。

（2）隐蔽且高效的流水印编解码技术。

基于包的流水印追踪技术基本思想为：在发送端的目标流量中嵌入隐蔽消息，并监听接收端的流量，判断该接收端的流量中是否被嵌入了隐蔽的消息从而确定发送端与接收端之间的通信关系。消息可以由一串信号组成，如“0000”到“1111”，且每个信号对应某一种报文长度。

图 3 描述了基于包的追踪技术的工作流程。在发送端的监控者先选择并加密一条消息。为了消除密文中任何可能被识别的字符模式并使字符能够有随机性，须对消息采用强密码加密。加密后的密文为一串二进制比特。监控者可将密文编码为 k 元信号。例如，k =4 为 4 元信号，即 4 比特可对应一个十六进制字符。此外，为了避免干扰报文长度的分布，监控者根据报文长度的经验累积分布将每个字符对应到具体的报文长度，从而使基于包的追踪技术可在网络流量中隐蔽地嵌入消息。

（3）研究跨多个自治域的安全高效、易扩展的协同追踪架构。

围绕跨越多个自治域的隐秘追踪需求，研究以基于网络流水印的追踪模块为核心的技术，通过集成分布式检测模块，设计基于网络流水印的跨域协同追踪架构，支持隐秘信号检测、追踪定位以及路径构建。

图 4 所示为基于网络流水印的跨域追踪架构，支持对跨多个自治域的追踪。每个自治域作为相对独立的管理实体，不仅负责检测和追踪发生在本域内的各种行为，而且还须与其他自治域进行交互协同，以实现对跨自治域的有效追踪。自治域内的追踪主

要利用域内部署的检测组件、追踪请求管理组件、基于水印的追踪组件实现。自治域间的协同追踪主要通过各个自治域内部署的域间追踪管理器组件实现。

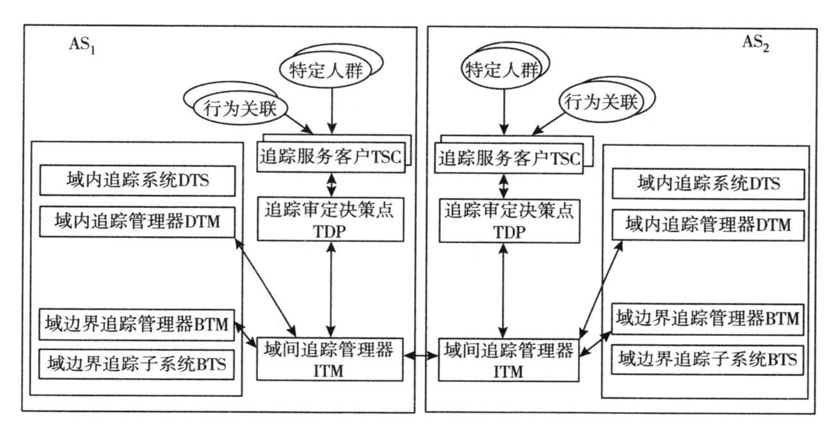

图 4　跨域协同网络追踪架构

4. 网络行为识别和管控系统的研发与应用示范

网络行为识别和管控系统的总体架构如图 5 所示，最底层为基于 Hadoop 搭建的云计算平台，集成了数据存储模块、并行计算模块和深度包检查模块。当高速网络产生流量时，高性能流量抓取模块利用多队列高性能网卡提供的硬件支持，将所捕获的流量数据作为输入存储到云计算平台中。通过并行计算及深度包检查等模块的处理，有效数据被存储到中心数据仓库中。通过进一步的分析和特征提取，产生的所有指纹信息都将被存储到数据库中，从而构建一个统一的网络用户行为指纹数据中心。该数据中心还将与现有的警务综合平台实现对接，保证数据的互联互通及业务整合。

业务基本流程如下：

（1）利用公安机关警务综合平台采集数据，建立物理人与强标识符的关联，如游戏账号、网银信息、电子邮箱、IM 账号信

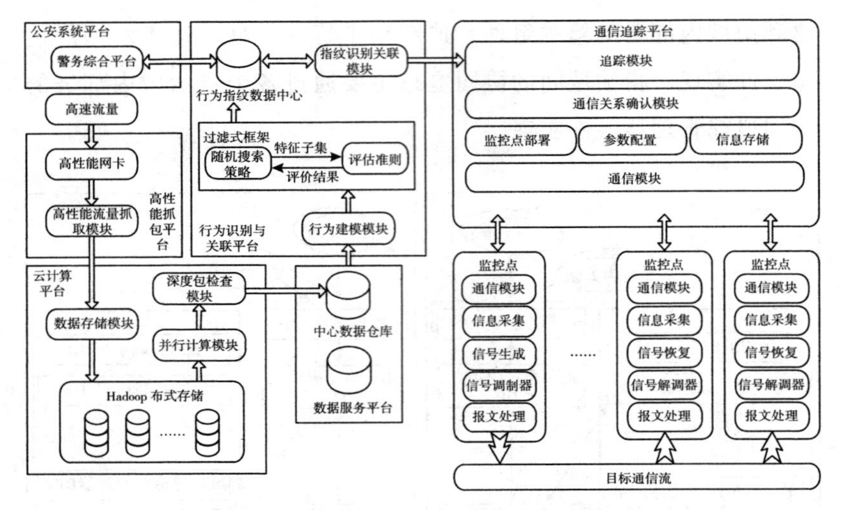

图 5　网络行为识别和管控系统总体架构

息等。

（2）通过抓取网络流量，分析并采集行为指纹数据，构建指纹数据中心，建立强标识符与行为指纹之间的关联。

（3）针对识别目标，采集流量数据并与指纹中心的数据进行比对，从而识别其强标识符，最终确定物理人。

（4）当特定人员物理身份被识别后，还可以利用通信追踪平台对其通信对象进行发现和定位。

最终将在某区域范围内建立统一的网络用户行为指纹数据中心，并构建覆盖本区域的特定人群网络行为识别和管控示范系统。

四　总结

针对特定人群的网络行为监控问题，通过云计算和大数据处理技术实现高速网络环境下报文信息采集和分析，进而提取用户的网络行为习惯以及偏好特征以关联网络用户，并在此基础上，通过网络流水印机制确定网络通信主体，最终实现特定人群的网络管控。本文的主要贡献包括：

（1）建立适用于高速网络环境报文处理的云计算平台。通过多硬件队列的网卡设备设计高性能网络流量抓包服务器，并基于 Map Reduce 实现优化的任务调度策略和并行流量分析技术，以实现高速网络环境下的报文实时处理。

（2）实现网络用户的行为建模与关联。建立网络用户行为模型，并从特征空间中选取高区分度及高稳定度的特征子集，建立网络用户行为指纹数据中心，通过高效的行为指纹匹配算法实现网络用户的行为关联。

（3）构建安全高效、易扩展的协同追踪框架。通过部署域内检测组件、追踪请求管理组件和追踪组件，与其他自治域进行交互协同，实现对跨自治域的有效追踪。

（4）实现隐蔽高效的流水印编解码。建立流水印追踪架构以适应不同的网络流量模型，同时选择有效水印载体，使用动态参数以提高流水印的隐秘性和准确性。

（5）解决现有网络监管模式滞后、效率低下且难以持续发展的问题，研发既能保障现有网络管控需求，又能满足下一代网络可控性的监管、取证技术。

参考文献

Ghemawat S, Gobioff H, Leung S T. The Google file system [C] . SOSP' 03: 29 - 43.

Shvachko K, Kuang H, Radia S. *The Hadoop Distributed File System* [M]. 2010.

Decandia G, Hastorun D, Jampani M, et al. Dynamo: Amazon' s highly available key - value store [C] . SIGOPS' 07. Stevenson, Washington, USA: 205 - 220.

Dean J, Ghemawat S. MapReduce: simplified data processing on large clusters [J] . *Commun. ACM*. 2008, 51 (1): 107 - 113.

Isard M, Budiu M, Yu Y, et al. Dryad: distributed data - parallel programs from sequential building blocks [C] . EuroSys' 07. ACM: 59 - 72.

Stonebraker M, Abadi D, Dewitt D J, et al. MapReduce and parallel DBMSs: friends or foes? [J] . *Communications of the ACM*. 2010, 53 (1): 64 - 71.

Dean J, Ghemawat S. MapReduce: a flexible data processing tool [J]. *Commun. ACM*. 2010, 53 (1): 72 - 77.

Aster [EB/OL] . http: //www. aster. com.

Greenplum [EB/OL] . http: //www. greenplum. com.

Hive [EB/OL] . http: //hive. apache. org/.

Olston C, Reed B, Srivastava U, et al. Pig Latin: A not - so - foreign language for data processing [C] . SIGMOD ' 08.

Borkar V R, Carey M J, Grover R, et al. Hyracks: A flexible and extensible foundation for data - intensive computing [C] . ICDE' 11: 1151 - 1162.

Abouzeid A, Bajda - Pawlikowski K, Abadi D J, et al. HadoopDB: An Architectural Hybrid of MapReduce and DBMS Technologies for Analytical Workloads [J] . PVLDB. 2009, 2 (1): 922 - 933.

Vertica [EB/OL] . http: //www. vertica. com.

Yampolskiy R, Govindaraju V. Behavioural biometrics: a survey and classification. Int. J. Biometrics, 2008.

Pusara M, Brodley C. User re - authentication via mouse movements. Proceedings of CCS Workshop on Visualization and data mining for computer security, Washington, DC, USA, 2004.

Gamboa H and Fred A. A behavioral biometric system based on human computer interaction. Proceedings of SPIE: Biometric Technology for Human Identification, Glasgow, Scotland, 2004.

Zheng N, Paloski A, Wang H. An efficient user verification system viamouse movements. Proceedings of 18th ACM Conference on Computer and Communications Security, Chicago, Illinois, USA, 2011.

Monrose F, Rubin A. Authentication via keystroke dynamics. Proceedings of the ACM Conference on Computer and Communications Security, Zurich, Switzerland, 1997.

Douhou S, Magnus J. The reliability of user authentication through keystroke dynamics. *Statistica Neerlandica*, 2009.

Ilonen J. Keystroke dynamics. www. it. lut. fi/kurssit/03 - 04/010970000/seminars/Ilonen. pdf.

Padmanabhan B, Yang Y. Clickprints on the web: Are there signatures in web browsing data. http://knowledge. wharton. upenn. edu/papers/1323. pdf, 2006.

Yang Y. Web user behavioral profiling for user identification. *Decision Support Systems*, 2010.

Vel O, Anderson A, Corney M, Mohay G. Mining e - mail content for author identification forensics. SIGMOD Record, 2001.

Lackner G, Teufl P, Weinberger R. User tracking based on behavioral Fingerprints. Proceedings of the 9th International Conference on Cryptology And Network Security (CANS), Kuala Lumpur, Malaysia, 2010.

Kumpošt M, Matyáš V. User Profiling and Re - identification: Case of University - Wide Network Analysis. Proceedings of the 6th international conference on trust, privacy and security in digital business (TrustBus), Berlin, Heidelberg, 2009.

Herrmann D, Gerber C, Banse C, Federrath H. Analyzing Characteristic Host Access Patterns for Re - identification of Web User Sessions. Proceedings of the 15th Nordic conference on secure IT systems (NordSec), Espoo, Finland, 2010.

Banse C, Herrmann D, Federrath H. Tracking users on the internet with behavioral patterns: evaluation of its practical feasibility. Proceedings of the 27th IFIP TC - 11 International Information Security Conference (IFIP SEC), Crete, Greece, 2012.

Banse C, Herrmann D, Federrath H. Behavior - based tracking: Exploiting characteristic patterns in DNS traffic. *Computers & Security*, 2013.

Pang J, Greenstein B, Gummadi R, Seshan S, Wetherall D. 802. 11 user fingerprinting. In Proceedings of the Annual International Conference on Mobile Computing and Networking (MobiCom), 2007.

P. Peng, P. Ning, and D. S. Reeves, On the secrecy of timing – based active watermarking trace – back techniques, Proceedings of the IEEE Security and Privacy Symposium (S&P), 2006.

X. Wang and D. S. Reeves, Robust correlation of encrypted attack traffic through stepping stones by manipulation of inter – packet delays, Proceedings of the 10th ACM Conference on Computer and Communications Security (CCS), 2003.

X. Wang, S. Chen, and S. Jajodia, Tracking anonymous peer – to – peer VoIP calls on the internet, Proceedings of 12th ACM Conference on Computer and Communications Security (CCS), 2005.

X. Wang, S. Chen, and S. Jajodia, Network Flow Watermarking Attack on Low – Latency Anonymous Communication Systems, Proceedings of IEEE Symposium on Security and Privacy (S&P), May 2007: 116 – 130.

M. Liberatore and B. N. Levine, Inferring the source of encrypted HTTP connections, Proceedings of the 13th ACM conference on Computer and Communications Security (CCS), 2006: 255 – 263.

Negar Kiyavash, Amir Houmansadr, Nikita Borisov, Multi – flow Attacks Against Network Flow Watermarking Schemes, Proceedings of the 17th USENIX Security Symposium (Security), 2008: 307 – 320.

X. Fu, B. Graham, R. Bettati, and W. Zhao, Active traffic analysis attacks and countermeasures, Proceedings of the International Conference on Computer Networks and Mobile Computing (ICCNMC), 2003.

X. Fu, Y. Zhu, B. Graham, R. Bettati, and W. Zhao, On Flow Marking Attacks in Wireless Anonymous Communication Networks, Proceedings of the IEEE International Conference on Distributed Computing Systems (ICDCS), Apr. 2005.

W. Yu, X. Fu, S. Graham, D. Xuan, and W. Zhao, "DSSS – Based Flow

Marking Technique for Invisible Traceback," 2007 IEEE Symposium on Security and Privacy (S&P), May 2007: 18 - 32.

S. J. Murdoch and G. Danezis, Low - Cost Traffic Analysis of Tor, Proceedings of IEEE Symposium on Security and Privacy (S&P' 05), 2005: 183 - 195.

Weijia Jia, Fung Po Tso, Zhen Ling, Xinwen Fu, Dong Xuan, Wei Yu, Blind Detection of Spread Spectrum Flow Watermarks, Proceedings of the 28th Conference on Computer Communications (INFOCOM), Apr. 2009: 2195 - 2203.

Herrmann D, Kirchler M, Lindemann J, et al. Behavior - based tracking of Internet users with semi - supervised learning [C]. Proceedings of the14th Annual Conference on Privacy, Security and Trust (PST 2016), Auckland, New Zealand, 2016: 596 - 599.

Kirchler M, Herrmann D, Lindemann J, et al. Tracked Without a Trace: Linking Sessions of Users by Unsupervised Learning of Patterns in Their DNS Traffic [C]. Proceedings of the 2016 ACM Workshop on Artificial Intelligence and Security (AISec 2016). Vienna, Austria, 2016: 23 - 34.

Abt S, Gärtner S, Baier H. A Small Data Approach to Identification of Individuals on the Transport Layer Using Statistical Behaviour Templates [C]. Proceedings of the 7th International Conference on Security of Information and Networks (SIN 2014). Glasgow, Scotland, UK, 2014: 25 - 32.

Kim DW, Zhang J. You Are How You Query: Deriving Behavioral Fingerprints from DNS Traffic [C]. Proceedings of the 11th International Conference on Security and Privacy in Communication (SecureComm 2015). Dallas, USA, 2015: 348 - 366.

（作者：蒋平）

美国网络安全战略路线图及对我们的启示

自20世纪90年代，全球互联网进入商用以来迅速发展，已经成为当今世界推动经济发展和社会进步的重要信息基础设施，并且对国际政治、社会、经济、文化、军事等领域发展产生了深刻影响。随着网络技术的日新月异，人们对信息网络的依赖程度也日益增加，网络安全问题也随之而来。各国政府也开始意识到网络安全在国家安全中的重要性，许多国家先后出台了有关网络安全的指导性文件。美国作为世界上最早应用互联网的国家，凭借其在网络技术方面的绝对优势，从二战后便开始着手发展网络空间计划，并于近年启动了网络安全国家行动计划，将网络安全提升到战略高度。通过对美国网络安全战略的分析，一方面可以更加清晰地理解美国在网络空间领域的发展历程、发展方向及其战略意图；另一方面也会促使我们更加重视网络安全发展，以切实维护国家利益。

一　美国网络安全路线图

1. 法制保障体系日趋成熟与完善

自美苏冷战拉开序幕后，美国政府开始萌生网络战略思维。1946年杜鲁门政府发布《原子能法》和《1947年国家安全法》，正式授权政府在涉及国家安全的情况下可以对特定类型的信息进行管控，网络安全的核心概念由此初步诞生，即保障信息自由，但以不损害国家安全为前提。1998 年克林顿政府颁布第 63 号总统令《关键基础设施保护》，首先提出了“信息安全”概念和意义，认为“关键基础设施保护”的重点在于对信息网络基础设施的保障；1999 年公布《新世纪国家安全战略》，第一次在国家安全战略中正式使用“网络安全”这一概念，并与“信息安全”区分开来。2000 年 1 月提出《保卫美国的网络空间——信息系统保护国家计划》，对信息网络安全工作做出了较为全面的总结与规划。克林顿政府还连续出台了一系列网络安全相关文件，以增强美国政府对信息网络的防护，其间，美国真正意义上的网络安全战略开始问世。

受“9·11”事件影响，布什政府立即出台了《爱国者法案》，其中就授权国家安全部门与司法部门对特定内容进行电话或电子通信监听，并鼓励网络服务商在紧急情况下向政府有关部门提供客户的电子通信内容；2002 年出台《国家安全法案》，特别增加了网络监控和惩治“黑客”的相关条款；2003 年，公布《网络空间安全国家战略》，详细论述了美国制订和实施网络空间安全保护计划的指导方针，标志着美国正式将网络安全战略提升至国家安全战略高度。随后，还接连出台了《反垃圾邮件法》、《国家网络安全综合计划》等系列文件，进一步加大对网络安全利益的保护力度，使美国国家网络安全战略得以持续发展，并日趋成熟。

奥巴马上任之初，就将网络安全视为美国面临的最大挑战之一，并采取了各种应对措施。2009 年出台《网络安全法》，赋予美国总统宣布网络安全进入紧急状态的权力；2011 年，连续公布了《网络安全和互联网自由法案》、《网络空间可信身份国家战略》、《网络空间国际战略》、《网络空间行动战略》等一系列文件，逐步形成新时期美国网络安全战略体系。2015 年，发布《网络安全法 2015》，成为美国当前规制网络安全信息共享的一部较为完备的法律，首次明确了网络安全信息共享范围包括“网络威胁指标”和“防御性措施”两大类，并指出提供必要的网络安全工具，可以使私营企业与政府之间更加轻松地共享网络威胁信息。2016 年，《网络安全国家行动计划》公布，将从提升网络基础设施水平、加强专业人才队伍建设、增进与企业的合作三个方面入手，全面提升联邦政府、私营企业以及个人生活的网络安全。经过前后多届政府的持续推进，美国从国家安全的战略高度出发的对网络安全的法制保障体系日趋成熟与完善。

2. 网络安全核心技术攻关及控制能力不断提升

早在 1969 年，美国国防部开始组建命名为阿帕网（ARPA-net）的网络，首先用于军事领域，由此诞生了互联网的雏形，后将美国加利福尼亚大学洛杉矶分校、斯坦福大学研究学院、加利福尼亚大学和犹他州大学的四台主要的计算机连接起来，标志着人类“互联网时代”大门开启。20 世纪 70 年代，美国科学家发明了 TCP/IP 协议，较好地解决了网络互联和数据传输等问题，成为互联网发展史上的一座里程碑，奠定了互联网存在和发展的基础，有力促进了美国互联网产业的加速发展。1984 年，美国政府将 TCP/IP 协议作为计算机网络的通用标准在世界范围内大力推广，全球各地计算机可实现联网，标志着“互联网时代”的正式到来。1991 年，美国将互联网正式向社会公众开放并鼓励商用；1993 年万维网（WWW）的问世，使得互联网开始向社会各个行业拓展与渗透，互联网的商业模式逐步形成，互联网进入快速发展时期，网络经济日益繁荣。

进入 21 世纪以来，新一代网络技术蓬勃发展，美国在进一步加快网络经济发展步伐的同时，也开始推行其“网络外交”政策，利用其网络技术和应用优势，向全球输出其“美式价值观”。另外，网络应用领域的不断扩张，也带来诸多安全问题，网络恐怖主义和黑客攻击对美国政治、经济、军事等诸多领域进行多方位入侵，美国政府越发重视网络安全对国家安全战略的意义。在布什总统时期，美国政府建立国家网络空间响应系统，以实现“在遭受网络攻击时仍可操作，并具有迅速恢复全面运转的能力”。并通过改进、完善网络协议和核心网络设备防护能力来增强互联网的安全性，有效防范各类网络攻击行为。2011 年，奥巴马政府发布《网络空间可信身份国家战略》，将网络身份管理从联邦政府推广至整个网络空间，通过构建一个网络身份生态体系，增强网络防御能力及对网络空间的掌控能力。这是继“美国信息高速公路”后涉及全球的又一项巨大信息工程，以进一步抢占网络安全技术制高点，巩固美国全球网络霸权地位。当前，美国拥有全球最大的电脑安全软件制造商赛门铁克，其高效的网络攻击防护功能已被世界广泛认可；在网络硬件技术方面，美国思科公司也是网络设备制造领域的领先者；在以苹果为代表的无线通信服务和以 GPS 为代表的卫星通信方面，美国也走在世界前列。近年来，美国继续加大云计算、大数据、人工智能等新技术领域在网络安全方面的研发攻关力度，进一步确立网络空间核心技术领先优势。这些与网络安全有着紧密关系的先进技术、产品、厂商等，都是美国在全球范围内实施其国家网络安全战略的重要优势，美国靠此保障其网络安全攻防的主导权和控制权，并对其他国家相关技术发展进行阻碍和压制。

3. 国家网络安全机制保障及军事力量投入不断加强

美国除了在法制保障、核心技术等方面不断加强网络安全防护外，还通过总统授予某些组织特定权力、成立相关专门机构、加大军事力量投入等方式，给国家实施网络安全战略予以机制保障。2008 年，布什总统就将网络攻击作为军队实施打击的一种方式，并且授权美国国防部，在必要时采取网络攻击方式保卫国家网络安全不受侵害。奥巴马时期，美国进一步加强了国家领导层面对网络安全的管理力度，在白宫设立了“网络安全办公室”，并任命首席网络官，直接对总统负责。2010年，隶属于美国军方的网络战司令部正式运行，统筹美军网络军事行动，另外还成立了网络黑客部队，担负网络攻防任务，确保美军在未来战争中拥有全面的信息优势。在2016年美国《网络安全国家行动计划》中，第一次提出设立联邦首席信息安全官，成立国家网络安全促进委员会、联邦政府隐私委员会等，进一步强化国家网络安全管理职能。通过这种全面的管理体制和机制，确保美国网络安全战略得以高效实施。在2017年2月美国公布的《网络安全国家行动计划》中，提议国会在2017年财政年度预算中，投入190亿美元用于加强网络安全，比2016年联邦网络安全预算增长了35%，通过专门分配31亿美元的信息技术现代化基金，使政府信息技术现代化，以提升网络事件响应能力、阻止并破坏网络空间的恶意行为、保护个人隐私等，从而提升国家的整体网络安全水平。

4. 部门协作及国际合作力度不断强化

克林顿时期，美国政府已经认识到私营部门对国家网络安全建设的重要意义，开始大力促进政府与私营部门的合作，建立了政府和私人企业的协调合作机制，以降低信息网络基础设施的脆弱性。布什总统上台后，美国网络安全合作在继续加大与私营部门合作力度外，开始加强与其他国家及国际组织在网络安全技术、安全机制及军事领域方面的合作力度。在2003年美国正式通过的《网络空间安全国家战略》中，明确将“国家安全与国际网络空间安全合作”作为其核心内容之一。为了进一步巩固网络攻防的全球主导地位，美国不断加强与盟国和国际伙伴的合作。2011年，奥巴马正式签署《网络空间国际战略》，这是美国政府针对全球互联网推出的首份国际战略与政策报告，第一次将其国际政策目标与互联网政策相结合，网络空间范围开始向全球范围扩展，进一步增强美国在全球互联网发展及安全标准、规则制定等方面的主导权。

在网络空间军事合作方面，美国也加快了与多国结盟进行网络安全攻防演习的进程。从2006年、2008年和2010年的“网络风暴I、II、III”系列网络攻防对抗演习，到北约范围内组织网络攻防演习，形成事实上的“网络北约”，以促进不同国家的网络安全国际协作，再到与相对独立于“北约”的其他军事盟国建立网络攻防合作关系，2016年通过举行“网络风暴V”演习，进一步促进了美国各级政府、私营部门之间的合作，并加大国际合作伙伴对接力度，以此维护美国网络空间的绝对优势地位。总体而言，克林顿政府的网络安全战略主题体现在“基础设施保护”，重点是“全面防御”；进入布什时代，美国政府的网络安全战略则强调了“网络反恐”，重点是“攻防结合”；而当今奥巴马时代，其网络安全主题则已经显示出“攻击为主、网络威慑”的态势。美国网络安全战略的路线图呈现出“从被动防御”向“主动攻击、网络威慑”的演化态势。

二　美国网络安全战略给我国带来的启示

1. 以系统的国家行动计划将网络安全提升至国家安全战略高度

与美国相比，我国从国家层面对网络安全战略的认识和研究还不够，以国家行动计划推行网络安全战略的步伐相对较迟。为此，基于国际、国内发展形势，中国政府不断采取一系列重大举措以加大网络安全发展力度，力争与国际接轨。建设坚固可靠的国家网络安全体系，成为中国必须做出的战略选择。2014年我国成立“中央网络安全和信息化领导小组”，中共中央总书记习近平亲自担任组长。在领导小组第一次会议上，习近平总书记指出：“没有网络安全就没有国家安全，没有信息化就没有现代化。”强调“网络安全和信息化是事关国家安全和国家发展、事关广大人民群众工作生活的重大战略问题，要从国际国内大势出发，总体布局，统筹各方，创新发展，努力把我国建设成为网络强国”。彰显出我国在保障网络安全、维护国家利益、推动信息化发展的决心，也意味着我国网络空间安全国家战略全面启动。

2. 以全面的法制建设对信息网络安全进行规范管理

与世界主要发达国家特别是美国相比，我国在网络安全方面的立法明显滞后，立法理念过于注重行政管理、刑事制裁等内容，对网络安全保护、个人信息保护、网络安全检测预警与防护等方面内容明显不足。而且已有立法的范围只覆盖了网络安全的个别领域，网络安全基本法缺位，现有相关规定之间的协调性不足，缺乏操作性。长期以来，面对层出不穷的网络安全事件，社会各界强烈要求国家依法加强网络空间治理与管理。为此，十二届全国人大常委会将制定网络安全立法列入了工作计划中，并于2015年6月审议了《中华人民共和国网络安全法（草案）》，向社会公开征求意见。相信不久，我国这关于网络安全的第一部基本法律的正式出台，将会从制度上进一步提高国家网络安全保障能力，使国家掌握网络空间治理和防护的主动权，对我国网络安全、国家安全具有重要战略意义。

3. 以全面的管理机制确保网络安全战略高效实施

由于历史因素，我国网络管理长时间内出现“九龙治水”局面。面对互联网技术和应用的飞速发展，网络管理体制存在诸多弊端，严重制约了网络安全相关工作的顺利开展。我国“中央网络安全和信息化领导小组”的成立，意味着在中央层面设立了一个更强有力、更有权威性的机构，体现了中国最高层在网络安全和信息化工作上全面深化改革、加强顶层设计的意志，是中国网络安全战略迈出的重要一步。当然，我们也要清醒地看到，在网络安全管理体制和机制建设上，中央和地方之间、部门与部门之间依然存在着许多权责不一、多头管理、效率不高等问题，必须在国家统一领导下，加强协调，理顺关系，以共同维护我国网络安全战略的实施。

4. 以先进的技术抢占国家网络安全战略实施制高点

我国在信息技术领域起步较晚，许多核心技术仍然受制于人，一些网络核心技术的软件和计算机处理器缺乏高端、自主的研发能力，导致我国引进的一些设备往往存在着安全隐患，极易被他国控制。另外，我国在网络安全技术人才的培育、重视程度和经费投入等方面，与先进国家仍然有较大差距，许多优秀人才往往被其他国家的优越政策所吸引，从而丧失本国的创新研发先机。当前中国政府正视这种差距，并积极制定全面的信息技术、网络技术研究发展战略，下大气力解决科研成果转化问题。通过培育本国高素质的网络安全人才队伍，积极开展双边、多边的互联网国际交流培训与合作，造就具有世界水平的网络科技领军人才和科研创新团队，促进我国网络安全技术自主研发与创新水平的提升。

三　我国网络安全战略发展的相关建议

1. 从国家安全战略高度，构建符合我国特色的网络安全战略

当前网络已经走入千家万户，互联网已经融入社会生活的各个领域，我国已经成为网络大国，但与网络强国之间仍有不小差距。网络安全涉及国家根本利益，必须充分认识到网络安全工作在国家发展中的紧迫性和重要意义。要对我国网络安全工作进行全面梳理和顶层设计，明确我国网络安全发展思路及其在国家安全战略中的地位，统筹规划我国网络安全战略体系，以全面提升我国关键信息基础设施建设、网络安全保障、网络安全问题治理以及网络安全对抗和攻击水平，将建设网络强国的战略部署与我国“两个一百年”的奋斗目标同步推进。

2. 建立健全的网络安全管理体系，明确网络安全管理职责分工

进一步优化组合现有相关网络安全管理职能部门，进一步明确其职能定位，还要建立明确、健全的网络安全管理体系，落实好我国网络安全战略的实施与监督管理，并及时应对、协调好网络安全领域出现的新问题。在中央网络安全和信息化领导小组的统一领导下，各有关部门要按照职责分工，加强协调配合，形成合力，共同推进网络安全战略实施。

3. 制定与完善与网络安全战略相关的法律法规

法律法规是党和人民意志的直接体现，也是维护和贯彻党的方针政策强有力的工具。目前，我国的网络安全基本法尚未正式出台，而国外发达国家则出台了系列网络安全法律和国家层面的决定与报告等。因此，我们必须建立符合我国国情的网络安全相关法律法规体系，研究制定政府网络安全管理、个人信息保护等管理办法，并加强相关执法队伍建设，全面保障网络安全战略的贯彻实施。

4. 加强网络安全技术攻关和专业人才培育

网络安全战略的实施、网络强国的建设，离不开自主核心技术和关键产品的保障。政府应该将网络安全战略实施的立足点建立在核心技术自主研发创新、本国专门人才培育的基石之上，通过出台鼓励本国企业和人才发展的政策，让本国优秀企业和人才成为政府网络安全战略发展的主体。特别是在当前云计算、物联网、大数据、移动互联网等新一代信息技术的发展浪潮中，我国要紧随国际发展步伐，加快对新兴产业技术的研究，确保在新一轮信息技术革命中，抢占网络安全技术研究的制高点，形成一支具有世界水平的网络安全专业研究和应用团队，为我国网络安全战略顺利实施提供强大的技术、人才支撑。

参考文献

《习近平：把我国从网络大国建设成为网络强国》［EB/OL］，［2014－02－27］http：//news. xinhuanet. com/2014－02/27/c_ 119538788. htm。

刘勃然：《21世纪初美国网络安全战略探析》［D］，吉林：吉林大学，2013。

《网络安全法（草案）》全文［EB/OL］，［2015－07－06］http：//www. npc. gov. cn/npc/xinwen/lfgz/flca/2015－07/06/content_ 1940614. htm。

闫晓丽：《美国网络安全战略部署及对我国的启示》，《保密科学技术》2015年第11期。

汪晓风：《美国网络安全战略调整与中美新型大国关系的构建》《现代国际关系》2015年第6期。

王舒毅：《世界主要国家网络安全建设经验及启示》，《当代世界与社会主》2015年第4期。

张樊、王绪慧：《美国网络空间治理立法的历程与理念》，《社会主义研究》2015年第3期。

李欲晓、谢永江：《世界各国网络安全战略分析与启示》，《网络与信息安全学报》2016年第2卷第1期。

（作者：蒋平）

下一代网络风险与对策

这部分内容整理了有关下一代网络风险与对策的研究成果，共收集了三篇文章:《下一代网络技术及应用风险分析》《基于下一代网络技术的信息安全保密技术模型与工作对策》《浅谈物联网中的隐私安全》。

第一篇文章分析了下一代网络环境中的几类核心技术，研究总结了下一代网络技术存在的安全隐患，指出了应用风险，为如何开展下一代网络环境中的安全保密工作提供借鉴。第二篇文章分析了下一代网络环境中的信息安全保密问题的特征，指出下一代网络技术对信息安全保密工作的影响。建立了几类攻防理论模型，包括攻击模型、安全保密技术模型、安全保密管理体系模型等，并提出实践建议。第三篇文章介绍了物联网的概念和隐私安全问题。

下一代网络技术及应用风险分析

一　引言

“下一代网络”指以软交换为代表，以 IP 多媒体子系（IMS）为核心框架，以分组交换为业务统一承载平台，传输层适应数据业务特征及带宽需求，能够为公众灵活提供大规模视讯话音数据等多种通信业务，可运营、维护、管理的通信网络。从技术角度看，“下一代网络”在安全保密方面将呈现以下趋势：

一是核心技术竞争更加激烈。目前我国在网络安全领域存在三大误区，即通过阻隔实现网络安全；通过协议实现应用安全；通过定密确保信息保密。芯片、操作系统等核心技术是计算机及网络的灵魂，是计算机安全保密的根本保证。但这类技术目前仅为少数国家和少数企业所拥有，源代码不公开，测试其安全性非常困难。

二是攻击技术和工具的自动化水平不断提高。攻击工具开发者正在利用更先进的技术武装攻击工具。与以前相比，攻击工具的特征更难发现，更难检测。攻击工具具有以下特点：①反侦查性。攻击者采用隐蔽攻击工具特性的技术，从而使分析新攻击工具和了解新攻击行为所耗费的时间增多；②动态性。早期的攻击工具是以单一确定的顺序执行攻击步骤，现在的自动攻击工具可以根据随机选择、预先定义的决策路径或通过入侵者直接管理，来改变攻击模式和行为；③成熟性。与早期的攻击工具不同，目前攻击工具可以通过升级或更换工具组件的方式迅速变化，在每一次攻击中会出现多种不同形态的攻击工具。

三是发现安全漏洞越来越快。新发现的安全漏洞每年都要增加一倍，管理人员不断用最新的补丁修补这些漏洞，而且每年都会发现安全漏洞的新类型。入侵者经常能够在厂商修补这些漏洞前发现攻击目标，迅速实施攻击行为，窃取信息。

四是侦查取证技术手段更加困难。随着“下一代网络”时代的到来，侦查取证已经慢慢从人工取证转变为计算机取证，并主要围绕电子证据来展开工作，其目的就是将储存在计算机及相关设备中反映犯罪者犯罪的信息作为有效的诉讼证据提供给法庭。然而，电子证据具有与传统证据不同的特点，如精密性和脆弱性都直接影响它的证明力。所以，侦查取证的难度越来越大。

因此，研究分析下一代网络技术及其安全风险尤为迫切。

二　下一代网络技术及应用风险分析

1. 软交换技术及应用风险分析

软交换的概念起源于美国。当时在企业网络环境下，用户采用基于以太网的电话，通过一套基于 PC 服务器的呼叫控制软件（Call Manager、Call Server），实现 PBX 功能（IPPBX），并以 IPPBX 为基础，将传统的交换设备部件化，分为呼叫控制与媒体处理，二者之间采用标准协议且使用纯软件处理，软交换技术应运而生。

图 1 显示基于软交换技术的下一代网络的结构和容易出现安全风险的部分。软交换技术作为“下一代网络”的核心基础技术，直接对信息安全保密产生关键影响。虽然软交换网络具备业

务接口开放、接入手段丰富、承载和传送单一、设备容量集中等特点，这些特点是软交换网络的优势，但同时使用软交换网络存在更大的漏洞和风险，面临更多的安全威胁：①核心设备自身。软交换网络采用呼叫与承载控制相分离的技术，在网络设备处理能力提高的同时，发生故障时也可能造成更大范围的业务中断。②承载网。软交换系统的承载网络采用的是IP分组网络，通信协议和媒体信息主要以IP数据包的形式进行传送。承载网面临的安全威胁主要有网络风暴、病毒（蠕虫病毒）泛滥和黑客攻击。③接入网。软交换网络提供了灵活多样的网络接入手段，任何可以接入IP网络的地点均可以接入终端。一些用户利用非法终端或设备访问网络，甚至向网络发起攻击，事后也难以定位。④网络层面。在现有的软交换网络中，各种平台类设备往往都以单点的形式存在，这些节点一旦被攻击失效，将严重影响网络业务。

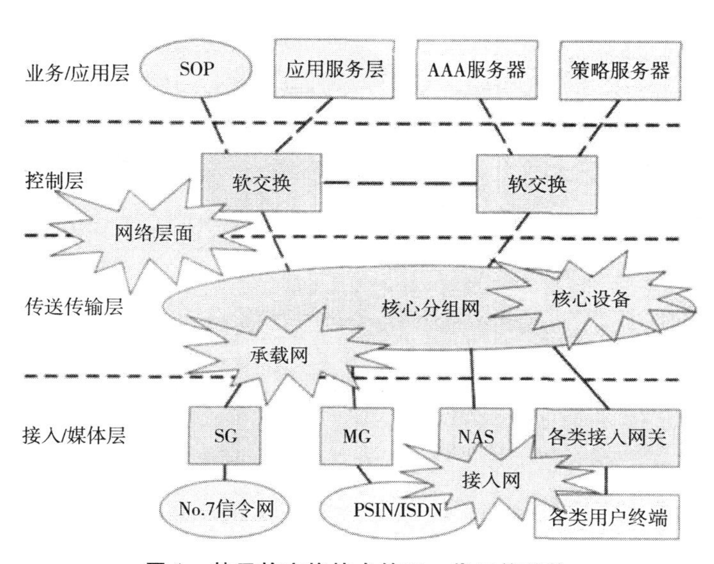

图1　基于软交换技术的下一代网络结构

2. 三网合一及应用风险分析

“三网”融合，存在多种解释。从网络的角度看，是指电信网、有线电视网与计算机网的融合与趋同；从涉及领域看，是指电信、媒体与信息技术三种产业的融合；从服务商角度看，是指不同网络平台倾向于承载实质相似的业务（三大网络通过技术改造，都能提供包括语音、数据、图像等综合多媒体的通信业务）；从最终用户角度看，是指消费者通信装置的趋同，出现一机多用终端。三网融合目前在我国的主要业务有 VOIP（IP 电话）和 IPTV（交互式网络电视）。它采用一种综合、开放的网络构架，提供话音、数据和多媒体等业务。NGN 通过优化网络结构实现了三网融合，也实现了业务融合。图 2 是一个小区模拟实现三网合一结构。

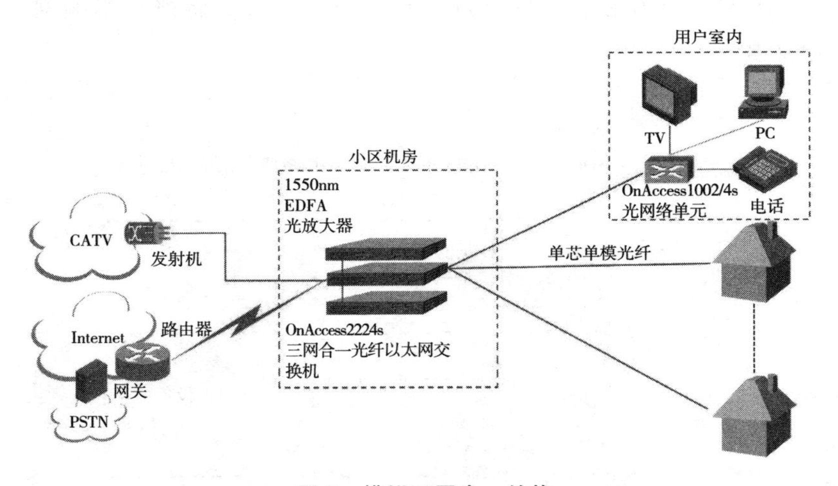

图 2　模拟三网合一结构

三网融合会给人类生活各方面带来翻天覆地的变化，与此同时，对安全保密工作的影响也是显而易见的。原来在各自网络出现的安全漏洞和危险，也随着网络融合变成了威胁融合、危险融合。三网融合使每一个网络用户都面临所有类型的网络漏洞、网络攻击和网络威胁，诸如手机上网的漏洞、三网融合的软硬件以及协议的破解等。与此同时，三网融合让原本就较难以把握的安全保护等级定级划分工作变得更为复杂和烦琐。

3. **下一代无线通信技术及应用风险分析**

下一代移动通信网络正朝着传输宽带化、网络融合化以及业务多样化的趋势发展，技术的发展导致网络体系结构安全及业务安全成为下一代移动通信网络中的重点问题。在网络方面，下一代移动通信系统的网络体系结构安全威胁主要表现为非法接入网络、伪基站与伪网络、网络窃听、非法篡改通信数据、重放报文攻击和拒绝服务（DoS）攻击等几个方面。无线终端采用开放式操作系统，可以允许用户自行安装应用软件。自由使用各种类型的移动业务，使病毒、恶意代码、木马程序等，通过伪装成为合法软件隐藏在手机终端中。该类病毒的爆发导致移动用户信息泄露，造成巨大的经济损失。

目前所谈的下一代无线通信技术，主要是指3G或4G技术。3G在核心网的发展方面开始走向融合，走向基于多媒体网络（IMS）的下一代网络（NGN）架构。3G乃至4G移动通信系统的安全问题在于：①3G的加密体制仍受制于人。②3G系统没有用户数字签名。3G虽然实现了网络与用户之间的双向认证，但是在用户端并没有数字签名，仍然不能解决否认、伪造、篡改和冒充等问题。③终端设备和服务网之间的无线接口仍然是易受攻击的薄弱点。④存在网络被攻击的可能性。⑤随着无线与有线的融合，无线终端也存在较大安全问题，目前人们普遍使用的无线终端上的安全防护功能和措施还是相对薄弱。

许多行业的业务工作多数情况下处于移动状态，我们不可能在全国各个行业再建一个类似3G或4G的移动专网，我们只能利用其宽带开展我们的多媒体业务。但新的问题产生了，无论3G或4G，它们都会融入下一代网络，都会与互联网实现一体化，我们固守的以网络隔离的方式来确保信息安全的战略将由此受到挑战。

4. 物联网技术及应用风险分析

物联网技术体系结构如图 3 所示。

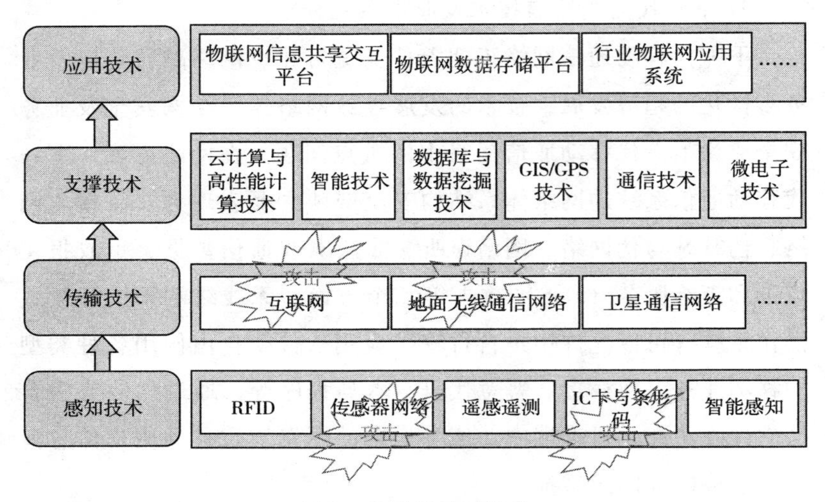

图 3　物联网体系结构

"物联网"是在互联网技术基础上的延伸和扩展的一种网络技术，其用户端延伸和扩展到了任何物品和物品之间，进行信息交换和通信。通过射频识别（RFID）、红外感应器、全球定位系统、激光扫描器等信息传感设备，按约定的协议，将任何物品与互联网相连接，进行信息交换和通信，以实现智能化识别、定位、追踪、监控和管理的一种网络技术叫作物联网。

行业部门管理的对象主要是人、案、物。通过互联网可以实现有关人、案、物信息的共享，但不能实现"感知"，如果能实现物品的感知，对重点对象如精神病人、重点目标，我们管理和服务社会的能力和水平将大大提高，所以在未来的行业信息化建设中应引进和应用物联网技术。

物联网在高歌猛进的同时，其背后隐藏的安全危机正日渐凸显。除了面对传统 TCP/IP 网络、无线网络和移动通信网络等的安全问题之外，物联网自身还存在大量特殊安全问题。因为网络是存在安全隐患的，更何况随机分布的传感网络、无处不在的无线网络，更是为各种网络攻击提供了广阔的土壤，安全隐患更加严峻，如果处理不好，整个国家的经济和安全都将面临威胁。

首先，物联网本质特性导致其存在一定的安全问题。①互联网的脆弱性。物联网建设在互联网的基础之上，安全级别较低的互联网存在的安全问题会直接转嫁到物联网中。②复杂的网络环境。物联网将组网的概念延伸到现实生活的物品当中，从而导致物联网的组成非常复杂，复杂性带来不确定性。③无线信道的开放性。为了满足物联网终端自由移动的需要，物联网边缘一般采用无线组网方式，无线信道的开放性使其容易受到外部信号干扰和攻击。④物联网终端的局限性。物联网终端一般是一种微型传感器，其处理、存储能力以及能量都比较低，导致一些对计算、存储、功耗要求较高的安全措施无法加载，缺乏安全保护能力。此外，感知节点大多位于公共场合或无人看守区，其物理性安全也无法保证。

其次，针对无线终端和无线网络的攻击技术不断发展。无线网络比有线网络更容易受到入侵，针对无线终端、手机、显示屏物理设备的劫持和控制成为主流。此外，任何一个社会高度依赖的大众化基础设施，都会吸引一些恶意攻击者的破坏。物联网的价值非常巨大，它将影响并控制现实世界中的事件，从而不可避免受到攻击者的极度关注。

目前，针对物联网的攻击主要表现在以下几个方面：①利用漏洞的远程设备控制；②标签复制和身份窃取；③非授权数据访问；④破坏数据完整性；⑤传输信号干扰；⑥拒绝服务。正是由于物联网存在上述问题，使其面临更为严重的安全问题，如何在感知、传输、应用过程中提供一套强大的安全体系作保障，也是物联网安全措施设计的难题。

5. **云计算及应用风险分析**

云计算（Cloud Computing）是分布式处理（Distributed Computing）、并行处理（Parallel Computing）和网格计算（Grid Computing）的发展，或者说是这些计算机科学概念的商业实现。

云计算的基本原理是，通过使计算分布在大量的分布式计算机上，而非本地计算机或远程服务器中，企业数据中心的运行将更与互联网相似。这使得企业能够将资源切换到需要的应用上，根据需求访问计算机和存储系统。

在“云计算”时代，“云”会替我们做存储和计算的工作。“云”就是计算机群，每一群包括了几十万台甚至上百万台计算机。“云”的好处还在于，其中的计算机可以随时更新，保证“云”长生不老，也不用担心资料丢失。“云”的概念和架构可以由图4说明。

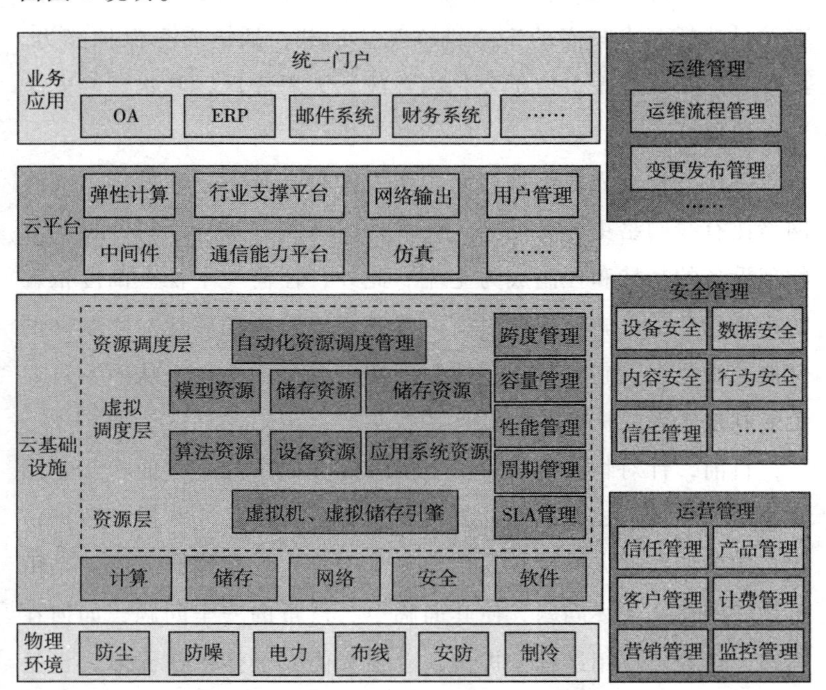

图4　云架构示意图

“云计算”的特点决定了“云计算”所保障的安全性是建立在对方信任基础上的，即“云计算”服务商不管是技术上还是道德上都是安全可靠的。然而，不同国家根据其国家利益，会对某些网络行为进行管理和监控，我们在使用“云计算”服务时，处于一个被监视的环境中，从而产生一定的失泄密风险。一是可能造成泄密隐患，二是可能带来窃密风险，三是可能产生卖密危害。

从技术角度，业界普遍认同“云计算”存在以下几类安全风险：①数据丢失或泄露：云计算中对数据的安全控制力度不足，API 访问权限控制以及密钥生成、存储和管理方面的不足都可能造成数据泄露。②共享技术漏洞：在云计算中，IaaS 提供者通过共享设施的方式提供服务，然而这些设施的组件并没有提供足够强大的隔离性。③内部隐患：云计算服务供应商对工作人员的背景审查和数据访问权限的控制力度永远不可能尽善尽美。④账户、服务和通信劫持：很多数据、应用程序和资源都集中在云计算中，而云计算的身份验证机制相对薄弱，入侵者可以轻松获取用户账号。⑤不安全的应用程序接口：用户使用一系列的软件接口或 APIs 来管理并和云服务交互，云服务的安全依赖于这些接口或 APIs 的安全使用。⑥没有正确运用云计算，账号和服务被劫持：在云计算里，如果攻击者得到你的账号，他可以窃听你的活动和交易、操纵数据、伪造信息和重定向你的客户到非法站点。⑦未知的风险：透明度问题一直是困扰云服务的难题，用户仅使用前端界面，根本无法预测后台未知的风险。

6. 虚拟存储技术及应用风险分析

虚拟存储技术的出现，就是为了解决数据访问性能、数据传输性能、数据管理能力、存储扩展能力等方面的问题。所谓虚拟存储，就是把多个存储介质模块（如硬盘、RAID）通过一定的方法集中管理起来，所有的存储模块在一个存储池中得到统一管理，从主机和工作站的角度，看到的就不是多个硬盘，而是一个分区或者卷，就好像是一个超大容量的硬盘。

虚拟存储的结构如图 5 所示。

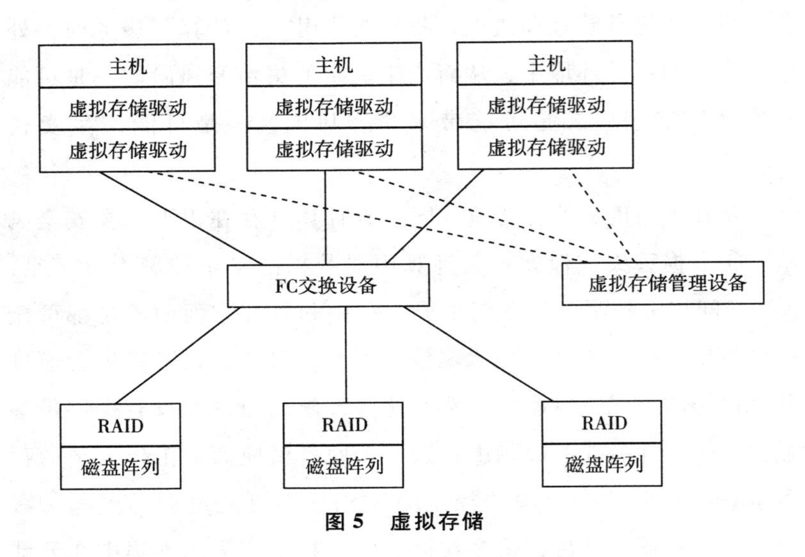

图 5　虚拟存储

虚拟存储相对于传统存储技术而言，其稳定性、安全性和效率有了一定程度的提高。但是，安全性的提高只是针对传统存储方式面临的问题，虚拟存储会产生一些新的安全弊端，给安全保密工作带来新的格局。虚拟存储功能会给安全检查工作带来困难。虚拟存储提供了一种保存数据的新方式，由于数据并不是保存在用户的个人电脑中，而是分布在虚拟的各个存储节点上，并且这些节点也可以实时地加入或退出，这可能会使计算机安全检查工作出现无数据可查的情况。同时，也给利用虚拟存储功能进行卖密的案件取证工作带来很大难度。

三　小结

“下一代网络”条件下形成的新技术、显现的新特征、产生的新问题，会对人们社会各个方面产生不同程度的影响。随着下一代网络技术的日新月异和更深层次的发展，它所暗藏的安全隐患和受到的应用威胁正日益严峻。我们只有认真研究下一代网络环境中的各个核心技术，分析查找其中的安全隐患，尽量规避技术应用风险，才能保证下一代网络技术的健康发展。

参考文献

胡琳：《NGN 技术在企业网络的应用前景分析》，《通信世界》2005 年 10 月 11 日。

熊松韫、张志平：《构建网络信息的安全防护体系》，《情报学报》2003 年第 2 期。

杨绍兰：《信息安全与网络主体的道德建设》，《河南大学学报》（社会科学版）2003 年第 5 期。

杨放春、孙其：《博软交换与 IMS 技术》2007 年 5 月。

江和平：《浅谈网络信息安全技术》，《现代情报》2004 年第 12 期。

郭御风、李琼、刘光明、刘衡竹：《虚拟存储技术研究》，《NCIS2002 第十二届全国信息存储学术会议》2004 年第 10 期。

刘朝斌：《虚拟网络存储系统关键技术研究及其性能评价》[D]，华中科技大学，2003 年 12 月 1 日。

Katarina de Brisis, Government policy for information resources management and its implication for provision of information services to the public and to the experts. *Computers, Environment and Urban Systems.* 1995, 19 (3): 141 - 149.

Chris Sundt. Information security and the law. *InformationSecurity Technical Report.* 2006, 11 (1): 2 - 9.

（作者：蒋平，本文原载于《警察技术》2011 年第 9 期）

基于下一代网络技术的信息安全保密技术模型与工作对策

网络安全一直是网络世界的热点话题，也是社会各界越来越关注的重点领域。随着网络爆炸式发展，网络安全保密问题已经呈现在每个人面前，无法回避。

一　当前网络安全保密问题特点

一是从互联网络渗透到我国基础网络设施，如政府、通信、广电、金融、电力、交通等其他行业网络。以前在互联网上才会出现的安全问题现在已经在各行业网络中出现，并呈现爆发的态势。

二是互联网和计算机逐渐成为传统犯罪的主要辅助工具。犯罪分子更多地借助于网络进行破坏，以形成远比传统形态更大的扩散力、活动力和影响力，由此引发的安全问题、造成恶劣影响的安全事件会不断增多。如盗窃案，犯罪分子实施网下盗窃，网上销赃。犯罪团伙利用互联网密联，网下实施犯罪。

三是网络犯罪目的已发生转换，犯罪呈现集团化发展。攻击和破坏将从出于好奇、单独行为和单一目标发展为更多有组织、有预谋、有目的、有针对性的、多样化的活动。

四是安全事件产生的影响已从局部扩散到更大范围，并产生连环效应，网络传播能力得到进一步放大。

五是网络引发的安全问题具有很强的“不对称”特性，解决成本高昂。造成网络安全问题的原因往往是一个小病毒、小漏洞、小疏忽，而产生的安全后果和修复所耗费的成本则是以几何倍数衡量。

六是网络的“无国界性”使执法难度加大。为了逃避打击，目前我国很多诸如淫秽色情网站、赌球网站、网络传销网站等危害着社会公共秩序和社会治安管理的犯罪团伙将其主要网络设备设在境外，这样治理的“国别差异性”就给我国相关部门的执法带来了很大的难度。

二 下一代网络条件下信息安全保密问题特征

伴随着人们网络生活的深入发展，“下一代网络”时代已来临，全球人人都是网民，因而，新一轮信息网络安全保密的浪潮必然滚滚而至。我们仔细研究这股浪潮，分析我国信息网络监管工作存在的问题和“下一代网络”技术发展趋势，认为网络安全保密问题将呈现如下新特点：

一是安全监管体制将严重不适应。目前我国的信息安全监管体系存在着执法主体不集中，多重多头管理，对重要程度不同的信息网络的管理要求没有差异、没有标准、缺乏针对性等问题。对应该重点保护的单位和信息系统，无从入手实施管控。随着下一代网络特别是三网融合的发展，如何保障网络信息安全和文化安全逐渐被重视，因此就不得不提到信息安全监管体制问题。目前三网的所属职能部门不同，如电信网属于工信部管理，广电网属于广电总局管理，公安等执法部门主要负责互联网的监管。由于三网监管的部门不同，监管的职责、力度、范围等因素的差异，在三网融合后可能存在监管权限的重叠、监管的空白以及网络安全准入标准不一等问题，而这些问题的出现势必会影响三网融合后信息安全问题。

二是网络波及范围更大。最新《中国互联网状况》白皮书显示，我国网民人数达3.84亿，互联网普及率达28.9%，两项指标均居世界第一。随着计算机及互联网由发达国家向发展中国家普及，发展中国家应用计算机领域的逐渐扩大，使用的人越来越多以及国外黑客通过互联网传授攻击的方法等，网络攻击事件将在全世界所有国家发生。白皮书说，中国同世界其他国家一样，面临黑客攻击、网络病毒等违法犯罪活动的严重威胁。中国是世界上黑客攻击的主要受害国之一。

三是渗透领域更广。下一代网络是未来信息传递的主要载体。其发展所带来的网络安全事件将渗透到我国经济、政治、文化、国防等各个行业和领域。随着我国网上银行的建设、电子商务的发展，无数财富将以比特的形式在网络上传输。网上聊天已成为一种重要沟通手段，生存在网络中的虚拟社会已成为人们的第二生活方式，网络已成为继报纸杂志、广播和电影电视后的重要媒体。我国正在大量建设电子政务网，也就是政府职能上网，在网上建立一个虚拟的政府，实现政府的部分职能性工作。随着军事国防信息化的进展，信息对抗已成为战争的一部分。大量的信息都可能在网络上传输。除泄密可能外，网络安全问题还可能导致指挥系统的瘫痪。大多数国家重要基础设施都依赖网络。网络瘫痪可能造成电网故障、机场封闭、铁路停运等问题，进而引发更多更严重的问题。

四是渗透能力更强。随着金融电子化、办公自动化和信息网络化进程的加快，所有行业和部门对计算机的依赖程度将逐渐增加，其负面效应是网络攻击事件由金融系统、政府机关向所有行业、所有部门渗透，可以说是无孔不入，攻击形式也从单一的网站攻击转变为利用著名网站作为跳板或幌子以达到其犯罪目的。

五是受害对象更广，影响更大。随着网络延伸至家庭、机关、企事业单位、社会团体，个人和各种机构的日常事务、财产、隐私等必将成为不法分子实施犯罪的对象。特别是三网融合以及物联网的发展，各种资源将通过网络进行传递、共享，需要接受网络服务的对象越来越多，受到来自网络危害的对象将越来越广，若网络中某一环节遭受攻击或破坏，这对整个网络来说都是致命的打击。例如物联网时代中，人类会将基本的日常管理交给人工智能去处理，从烦琐的低层次管理中解脱出来，将更多的人力、物力投入到新技术的研发中。那么可以设想，如果哪天物联网遭到病毒攻击，也许就会出现工厂停产，社会秩序混乱，甚至于直接威胁人类的生命安全。在互联网时代著名的蠕虫病毒在一天内曾经感染了 25 万台计算机，可想而知在市场价值更大的物联网上，为了牟取利益而制造传播物联网病毒的人将会更甚于互联网。

六是网络犯罪的组织性更强、目的更具多样化。由于计算机程序的日益复杂和安全措施的逐步加强，一个人使用单一网络系统处理所需信息实施攻击的可能性越来越小，由世界各国黑客组成的有组织的网络攻击事件开始出现。伴随着攻击合作趋势的增长，已发现利用电子公告栏在世界范围内进行犯罪联络。迅速提高的通信技术增加了来自外部的威胁。利用网络实施攻击和入侵，将不单纯是出于一个目的实施的一种行为，很可能是出于多种目的实施的一种攻击行为，达到多种危害后果。

七是网络攻击者日趋普遍化。随着电脑和互联网的广泛普及和逐步走向家庭，青少年从小都能接触、学习计算机，长大后都能熟练操作计算机。随着西方黑客技术在网络上的传播与渗透，一些对自己行为缺乏自控能力的青少年很容易学到网络攻击方法，从而成为未来黑客的主体。

八是不对称威胁更多。互联网上的安全是相互依赖的。每个互联网系统遭受攻击的可能性取决于连接到全球互联网上其他系统的安全状态。由于攻击技术的进步，一个攻击者可以比较容易地利用分布式系统，对一个受害者发动破坏性的攻击。随着部署自动化程度和攻击工具管理技巧的提高，威胁的不对称性将继续增加。

九是网络违法犯罪日益增加，应对犯罪的全球性呼声更高。《中国互联网状况》白皮书指出，近年来，中国的网络犯罪呈上升趋势，各种传统犯罪与网络犯罪结合的趋势日益明显，网络诈骗、网络盗窃等侵害他人财产的犯罪增长迅速，制作传播计算机病毒、入侵和攻击计算机与网络的犯罪日趋增多，利用互联网传播淫秽色情及从事赌博等犯罪活动仍然突出。据统计，1998 年公安机关办理各类网络犯罪案件 142 起，2007 年增长到 2.9 万起，2008 年为 3.5 万起，2009 年为 4.8 万起。随着下一代网络的发展，网络违法犯罪案件也会激增，因此需要执法部门之间的合作、立法趋同、防范联合，共同打击计算机违法犯罪活动。

三　下一代网络技术对信息安全保密的影响

在“下一代网络”即将覆盖全球的状况下，通过对“下一代网络”技术的研究与分析，揭示“下一代网络技术”对安全保密工作的影响，提前谋划相应的对策。

1. 下一代网络技术特征分析

1996 年，为了解决信息高速公路上的“塞车”之苦，美国 34 所大学联合提出了第二代高速互联网计划，这就是“下一代网络”研究启动之始。1998 年 2 月，正式加入该计划的美国大学已超过 120 所，IT 行业的各大公司如 IBM、微软等也纷纷要求合作。

“下一代网络”指以 IP 多媒体子系统（IMS）为核心框架，以分组交换为业务统一承载平台，传输层适应数据业务特征及带宽需求，能够为公众灵活提供大规模视讯话音数据等多种通信业务，可运营、维护、管理的通信网络。

“下一代网络”是一个很宽泛的概念，它是指不同于目前这一代的互联网，大量采用创新技术的，可以同时支持语音、数据和多媒体业务的融合网络。第二代互联网以第6版网络间协议（TP）作为通信语言，信息传输速度将是现在互联网主干网的12倍。一方面，NGN不是现有电信网和IP网的简单延伸和叠加，也不是单项节点技术和网络技术，而是整个网络框架的变革；另一方面，NGN的出现与发展不是革命，而是演进，是在继承现有网络优势的基础上实现的平滑过渡。

第二代网络的主要特征为：

（1）支持业务的多样化，可支持语音、数据和多媒体业务；

（2）基于分组的传送；

（3）承载与控制、控制与业务分离，服务的提供与网络分开；

（4）业务和网络松耦合并提供开放的第三方接口；

（5）具有端到端的宽带传送能力；

（6）与传统网络（如PSTN等）互通，能平滑过渡；

（7）支持终端移动性；

（8）方便管理与维护；

（9）具有较高的服务质量、安全性和可靠性；

（10）具有可持续发展能力。

表1为第一代和第二代网络技术的比较。

表1　第一代和第二代网络技术比较

	传输网	互联网	固定电话网	移动电话网
第一代	以TDM为基础，以SDH和WDM为代表	以IPV4为基础	以TDM时隙交换为基础的程控交换机	以GSM为代表
第二代	以ASON以及GFP为基础	以高带宽和IPV6为基础	以分组交换和软交换为基础	以3G、4G为代表

目前，国内外对 NGN 的研究涉及网络架构、NGN 相关协议、关键技术和主要业务 4 个方面。我国的 NGN 商用试验在各地已经大规模展开，济南、武汉、广州等地的商用试验已经取得成功，而电信、联通和移动也已在骨干网上部署 NGN 试验。另一方面，在现有互联网上，VoIP、视频播客、在线电影、在线电视等原本属于电话网和电视网的应用已经占据了主要的互联网带宽，一定程度上形成了事实上的“三网融合”。随着 NGN 商用实验和规模部署的节节推进，其覆盖的范围、运营的业务必将越来越多，加之现有互联网语音和视频业务的不断丰富，迫切要求网络监管部门适应新形势新要求，未雨绸缪，积极应对，从理论和实践两个层面去研究三网融合和 NGN 网络对安全保密的影响，从技术和管理角度提出相应的应对措施。

2. 下一代网络技术对信息安全保密的影响

(1) 软交换技术对信息安全保密的影响。

软交换的概念最早起源于美国。当时在企业网络环境下，用户采用基于以太网的电话，通过一套基于 PC 服务器的呼叫控制软件（Call Manager、Call Server），实现 PBX 功能（IP PBX）。对于这样一套设备，系统不需单独铺设网络，而只通过与局域网共享就可实现管理与维护的统一，综合成本远低于传统的 PBX。由于企业网环境对设备的可靠性、计费和管理要求不高，主要用于满足通信需求，设备门槛低，许多设备商都可提供此类解决方案，因此 IP PBX 应用获得了巨大成功。受到 IP PBX 成功的启发，为了提高网络综合运营效益，网络的发展更加趋于合理、开放，更好地服务于用户。业界提出了这样一种思想：将传统的交换设备部件化，分为呼叫控制与媒体处理，二者之间采用标准协议（MGCP、H248）且主要使用纯软件进行处理，于是，软交换（Soft Switch）技术应运而生。

软交换概念一经提出，很快便得到了业界的广泛认同和重视，ISC（International Softswitch Consortium）的成立更加快了软交换技术的发展步伐，软交换相关标准和协议得到了IETF、ITU－T等国际标准化组织的重视。

根据国际软交换论坛（ISC）的定义，软交换是基于分组网利用程控软件提供呼叫控制功能和媒体处理相分离的设备和系统。因此，软交换的基本含义就是将呼叫控制功能从媒体网关（传输层）中分离出来，通过软件实现基本呼叫控制功能，从而实现呼叫传输与呼叫控制的分离，为控制、交换和软件可编程功能建立分离的平面。软交换主要提供连接控制、翻译和选路、网关管理、呼叫控制、带宽管理、信令、安全性和呼叫详细记录等功能。与此同时，软交换还将网络资源、网络能力封装起来，通过标准开放的业务接口和业务应用层相连，可方便地在网络上快速提供新的业务。

软交换是下一代网络的核心设备之一，各运营商在组建基于软交换技术的网络架构时，必须考虑到与其他各种网络的互通。在下一代网络中，应有一个较统一的网络系统架构。软交换位于网络控制层，较好地实现了基于分组网利用程控软件提供呼叫控制功能和媒体处理相分离的功能。

软交换与应用/业务层之间的接口提供访问各种数据库、第三方应用平台、功能服务器等，实现对增值业务、管理业务和第三方应用的支持。其中：软交换与应用服务器间的接口可采用SIP、API，如Parlay，提供对第三方应用和增值业务的支持；软交换与策略服务器间的接口对网络设备工作进行动态干预，可采用COPS协议；软交换与网关中心间的接口实现网络管理，采用SNMP；软交换与智能网SCP之间的接口实现对现有智能网业务的支持，采用INAP协议。

通过核心分组网与媒体层网关的交互，接收处理中的呼叫相关信息，指示网关完成呼叫。其主要任务是在各点之间建立关系，这些关系可以是简单的呼叫，也可以是一个较为复杂的处理。软交换技术主要用于处理实时业务，如话音业务、视频业务、多媒体业务等。

软交换之间的接口实现不同于软交换之间的交互，可采用 SIP－T、H.323 或 BICC 协议。

软交换技术是一个分布式的软件系统，可以在基于各种不同技术、协议和设备的网络之间提供无缝的互操作性，其基本设计原理是设法创建一个具有很好的伸缩性、接口标准性、业务开放性等特点的分布式软件系统，它独立于特定的底层硬件/操作系统，并能够很好地处理各种业务所需要的同步通信协议，在一个理想的位置上把该架构推向摩尔曲线轨道。并且它应该有能力支持下列基本要求：

（a）独立于协议和设备的呼叫，设备的呼叫处理适合同步会晤管理应用的开发；

（b）在其软交换网络中能够安全地执行多个第三方应用而不存在由恶意或错误行为的应用所引起的任何有害影响；

（c）第三方硬件销售商能增加支持新设备和协议的能力；

（d）业务和应用提供者能增加支持全系统范围的策略能力而不会危害其性能和安全；

（e）有能力进行同步通信控制，以支持包括账单、网络管理和其他运行支持系统的各种各样的后营业室系统；

（f）支持运行时间捆绑或有助于结构改善的同步通信控制网络的动态拓扑；

（g）从小到大的网络可伸缩性和支持彻底的故障恢复能力。

软交换的实现目标是在媒体设备和媒体网关的配合下，通过计算机软件编程的方式来实现对各种媒体流进行协议转换，并基于分组网络（IP/ATM）的架构实现 IP 网、ATM 网、PSTN 网等的互联，以提供和电路交换机具有相同功能并便于业务增值和灵活伸缩的设备。

软交换技术作为“下一代网络”的核心基础技术，直接对信息安全保密产生关键影响。虽然，软交换网络具备业务接口开放、接入手段丰富、承载和传送单一、设备容量集中等特点，这些特点是软交换网络的优势，但同时使软交换网络面临更多的安全威胁。

典型的软交换网络由业务层、核心交换层、控制层和接入层4层组成，它们面临着安全威胁：软交换设备和各种网关设备的容量可以非常大，一旦中断，其影响呈几何级数放大；软交换系统的承载网基于IP网络，在承载网故障或者不稳定的情况下会出现心跳机制混乱、业务不能正常开展、核心节点运行不稳定或者脱网、链路和路由状态异常等状况；软交换系统通过开放的业务接口提供丰富的业务和应用，但开放的业务接口使其面临被攻击的危险；软交换系统用户终端的智能化以及接入方式的复杂化对软交换协议处理的容错性提出了很高的要求，接入区域公共化等使软交换网络处于更开放的网络环境中，更易遭受攻击。软交换网络安全保密威胁主要来自于以下几方面：

一是核心设备自身。软交换网络采用呼叫与承载控制相分离的技术，网络设备的处理能力有了很大的提高。可以处理更多的话务和承载更多的业务负荷，但随之而来是安全问题。对于采用板卡方式设计的网络设备，一块单板在正常情况下能够承载更多的话务和负荷，那么在发生故障时就有可能造成更大范围的业务中断。

二是承载网。软交换系统的承载网络采用的是IP分组网络，通信协议和媒体信息主要以IP数据包的形式进行传送。承载网面临的安全威胁主要有网络风暴、病毒（蠕虫病毒）泛滥和黑客攻击。网络风暴和病毒轻则大量占用网络资源和网络带宽，导致正常业务访问缓慢，甚至无法访问网络资源，重则导致整个网络瘫痪。黑客攻击网络中的关键设备，篡改其路由和用户等数据，导致路由异常，网络无法访问等。从实际运行情况来看，承载网对软交换网络的影响目前是最大的，主要是 IP 网络质量不稳定引起的。

三是接入网。软交换网络提供了灵活、多样的网络接入手段，任何可以接入 IP 网络的地点均可以接入终端。这种特性在为用户提供方便的同时带来了安全隐患，一些用户利用非法终端或设备访问网络，占用网络资源，非法使用业务和服务，甚至向网络发起攻击。另外，接入与地点的无关性，使得安全事件发生后很难定位发起安全攻击的确切地点，无法追查责任人。

四是网络层面。虽然单个或者区域核心节点的安全可以通过负荷分担或者备份来保证，但是从网络层面来看仍然存在安全隐患。在现有的软交换网络中，各种平台类设备（SHLR、NP 业务平台、SCP 等）很多，而且往往都是以单点的形式存在，这些节点一旦被攻击失效，将严重影响网络业务。

（2）三网合一对信息安全保密的影响。

由于“下一代网络”的研究和实验成功，信息技术和信息化领域出现新的风起云涌。人类逐渐认识到互联网、电话网和电视网将最终汇集到统一的 IP 网络，即通常所说的“三网融合”。NGN 从技术上为国家信息基础设施（NII）奠定了最坚实的基础，它采用一种综合、开放的网络构架，提供话音、数据和多媒体等业务。NGN 通过优化网络结构不但实现了三网融合，更重要的是实现了业务的融合，并且可以在全网范围内快速提供原有网络难以提供的新型业务。

三网融合，存在着多种解释。从网络的角度看，是指电信网、有线电视网与计算机网的融合与趋同；从涉及领域看，是指电信、媒体与信息技术等三种产业的融合；从服务商角度看，是指不同网络平台倾向于承载实质相似的业务（三大网络通过技术改造，都能够提供包括语音、数据、图像等综合多媒体的通信业务）；从最终用户角度看，是指消费者通信装置（如电话、电视与个人电脑）的趋同，出现一机多用的终端。

三网融合涉及技术融合、业务融合、行业融合、终端融合及网络融合，但技术的融合为其他层次的融合提供了可能。技术进步是三网融合的基本推动力，其中，数字技术使得文本、语音、图像和视频等业务都可以被编码成0/1比特流在网络中进行传输；大容量光纤通信技术为传送各种业务提供了必要的带宽和传输质量，光通信的发展也使传输成本大幅下降，使通信成本最终成为与传输距离几乎无关的事；软件技术的发展使得三大网络及其终端都能通过软件变更最终支持各种用户所需的特性、功能和业务；IP协议的普遍采用，使得各种以IP为基础的业务都能在不同的网上实现互通，人们首次有了统一的、三大网都能接受的通信协议。

三网融合目前在我国的主要业务有VOIP和IPTV。VOIP是一种以IP电话为主，并推出相应的增值业务的技术。它将模拟声音信号数字化，利用IP网络进行实时传播，可以便宜地传送语音、传真、视频和数据等业务。IPTV即交互式网络电视，是一种利用宽带有线电视网，向家庭用户提供包括数字电视在内的多种交互式服务的崭新技术。通过对原来的HFC广播网络的双向改造，它还可以非常容易地将电视服务和互联网浏览、电子邮件，以及多种在线信息咨询、娱乐、教育及商务功能结合在一起，在未来的竞争中处于优势地位。

在我国，电信网、互联网和广播电视网分属于电信和广电两个部门。为了加快三网融合的进度，2010年1月13日，温家宝总理主持的国务院常务会议确定了我国三网融合分两步走的发展规划：2010至2012年重点开展广电和电信业务双向进入试点，探索形成保障三网融合规范有序开展的政策体系和体制机制；

2013至2015年，总结推广试点经验，全面实现三网融合发展，普及应用融合业务，基本形成适度竞争的网络产业格局，基本建立适应三网融合的体制机制和职责清晰、协调顺畅、决策科学、管理高效的新型监管体系。

国务院常务会议同时明确了三网融合的双向建设方式：在业务层面，符合条件的广播电视企业可以经营增值电信业务和部分基础电信业务、互联网业务；符合条件的电信企业可以从事部分广播电视节目生产制作和传输。在网络层面，电信部门通过改造电信网、互联网，建设下一代网络（NGN）；广电部门则通过改造广播电视网，建设下一代广播网络（NGB），实现三网融合的目标。在经营层面，互相竞争、互相合作，提供多样化、多媒体化、个性化服务。在政策和行业管制方面，也渐渐趋向一致。

与此同时，在技术、市场逐渐成熟和国家政策强有力的支持下，各大电信运营商正在积极地建设自己的NGN网络，向着三网融合的目标迈进。三网融合和下一代网络不仅强化了现实世界中的通信网络建设，改变了人们的信息交流方式，而且促使了虚拟社会的发展，提高了虚拟社会对现实社会的替代程度，使得虚拟社会的影响力进一步加大。

三网融合会给人类生活各方面带来许多翻天覆地的变化，与此同时，对安全保密工作的影响也是显而易见的。原来在各自网络出现的安全危险，也随着网络融合变成了威胁融合、危险融合。三网融合使得每一个网络用户都面临所有类型的网络漏洞、网络攻击和网络威胁。与此同时，三网融合让原本就比较难以把握的安全保护等级定级划分工作变得更为复杂和烦琐。

（3）3G对信息安全保密的影响。

3G，全称为3rd Generation，中文含义就是指第三代数字通信。1995年问世的第一代模拟制式手机（1G）只能进行语音通话；1996至1997年出现的第二代GSM、TDMA等数字制式手机

（2G）便增加了接收数据的功能，如接收电子邮件或网页；第三代与前两代的主要区别是在传输声音和数据的速度上的提升，它能够在全球范围内更好地实现无缝漫游，并处理图像、音乐、视频流等多种媒体形式，提供包括网页浏览、电话会议、电子商务等多种信息服务，同时也要考虑与已有的第二代系统的良好兼容性。为了提供这种服务，无线网络必须能够支持不同的数据传输速度，也就是说在室内、室外和行车的环境中能够分别支持至少2Mbps（兆比特/秒）、384kbps（千比特/秒）以及144kbps的传输速度（此数值根据网络环境会发生变化）。

3G业务的概念只是一个泛泛的说法，泛指对数据承载能力要求较高、能够为用户提供表现力更加丰富的音频、视频等多媒体内容的业务。其实，用移动增值业务的概念更恰当。

国际电信联盟（ITU）目前一共确定了全球四大3G标准，它们分别是WCDMA、CDMA2000、TD－SCDMA和WiMAX。2009年1月7日，工业和信息化部在内部举办小型牌照发放仪式，3G牌照正式发出。中国移动、中国电信和中国联通分别获得TD－SCDMA、CDMA2000和WCDMA牌照。

3G在核心网的发展方面开始走向融合，走向基于多媒体网络（IMS）的下一代网络（NGN）架构。

3G能做什么？手机上网、移动IM（手机上的飞信、QQ、MSN同样能实现丰富的表情）、移动电邮、移动搜索、手机电视、手机游戏、手机定位等。随着下一代互联网、三网合一和物联网建设和应用，3G或者是4G作用越来越大，越来越一体化。

3G移动通信系统的安全问题在于：①3G的加密体制仍受制于人；②3G系统没有用户数字签名。3G虽然实现网络与用户之间的双向认证，但是在用户端并没有数字签名，仍然不能解决否认、伪造、篡改和冒充等问题；③终端设备和服务网之间的无线接口仍然是易受攻击的薄弱点；④存在网络被攻击的可能性；

⑤随着无线与有线的融合，无线终端也存在较大安全问题。

我国很多行业领域的工作都处于移动状态，我们不可能在全国建若干个类似3G或4G的移动专网，我们只能利用其宽带开展我们的多媒体业务。但新的问题产生了，无论是3G或4G，它们都会融入下一代网络，都与互联网实现一体化，我们固守的以网络隔离的方式来确保信息安全的战略受到挑战。我们必须超前研究对策。

（4）物联网对信息安全保密的影响。

“物联网”的核心和基础仍然是“互联网”，是在互联网技术基础上延伸和扩展的一种网络技术；其用户端延伸和扩展到了任何物品和物品之间，进行信息交换和通信。因此，可以这样理解物联网：它是通过射频识别（RFID）、红外感应器、全球定位系统、激光扫描器等信息传感设备，按约定的协议，将任何物品与互联网相连接，进行信息交换和通信，以实现智能化识别、定位、追踪、监控和管理的一种网络技术。其核心是把网络技术运用于万物，组成“物联网”，如把感应器嵌入装备、油网、电网、路网、水网、建筑、大坝等物体中，然后将“物联网”与“互联网”整合起来，实现人类社会与物理系统的整合，超级计算机群对“整合网”的人员、机器设备、基础设施实施实时管理控制，以精细动态方式管理生产生活，提高资源利用率和生产力水平，改善人与自然的关系。所以在目前阶段，我国又将“物联网”称之为“传感网”。

中国科学院早在1999年就启动了传感网的研究，并已建立了一些实用的传感网。与其他国家相比，我国技术研发水平处于世界前列，具有同发优势和重大的影响力。在世界传感网领域，中国、德国、美国、韩国等国成为国际标准制定的主导国。

2005年11月27日，在突尼斯举行的信息社会世界峰会（WSIS）上，国际电信联盟（ITU）发布了《ITU互联网报告

2005：物联网》的报告，正式提出了物联网的概念。

2008年，美国IBM公司基于“物联网”概念，提出“智慧地球”的概念。2008年11月初，在纽约召开的外国关系理事会上，IBM公司董事长兼CEO彭明盛发表了《智慧的地球：下一代领导人议程》。

无线网络是实现“物联网”必不可少的基础设施，安置在动植物、机器产品上的电子介质产生的数字信号可随时随地通过无处不在的无线网络传送交流，云计算使世间万物的实时动态管理变得可能。

2009年8月7日，温家宝总理在无锡调研时指出：在传感网发展中早一点谋划未来，早一点攻破核心技术。

国务院有关部委在国家重大科技专项中，提出加快推进传感网发展，尽快建立中国的传感信息中心（感知中国中心）。

当物联网来得又急又猛时，要保持一颗清醒的头脑，因为物联网仍然有许多安全问题待解决。

首先，传感网络是一个存在严重不确定性因素的环境。广泛存在的传感智能节点本质上就是监测和控制网络上的各种设备，它们监测网络的不同内容、提供各种不同格式的事件数据来表征网络系统当前的状态。然而，这些传感智能节点又是外来入侵的最佳场所。从这个角度而言，物联网感知层的数据非常复杂，数据间存在着频繁的冲突与合作，具有很强的冗余性和互补性，且是海量数据。它具有很强的实时性特征，同时又是多源异构型数据。因此，相对于传统的TCP/IP网络技术而言，所有的网络监控措施、防御技术不仅面临结构更复杂的网络数据，同时又有更高的实时性要求，在网络安全领域将是一个新的课题、新的挑战。

其次，当物联网感知层主要采用RFID技术时，嵌入了RFID芯片的物品不仅能方便地被物品主人所感知，同时其他人也能进行感知。特别是当这种被感知的信息通过无线网络平台进行传输时，信息的安全保密性相当脆弱。如何在感知、传输、应用过程中提供一套强大的安全体系作保障，也是一个难题。

（5）云计算对信息安全保密的影响。

云计算是基于互联网的相关服务的增加、使用和交付模式。“云”是网络、互联网的一种形象比喻。

云计算可谓是一种革命性的举措，就好比是从古老的单台发电机模式转向了电厂集中供电的模式。它意味着计算能力也可以作为一种商品进行流通，就像煤气、水电一样，取用方便，费用低廉。最大的不同在于，它是通过互联网进行传输的。

云计算的蓝图已经呼之欲出：在未来，只需要一台笔记本电脑或者一部手机，就可以通过网络服务来实现我们需要的一切，甚至包括超级计算这样的任务。从这个角度而言，最终用户才是云计算的真正拥有者。云计算的应用包含这样的一种思想，把力量联合起来，给其中的每一个成员使用。

云计算的几大形式：

SAAS（软件即服务）：这种类型的云计算通过浏览器把程序传给成千上万的用户。在用户眼中看来，这样会省去在服务器和软件授权上的开支；从供应商角度来看，这样只需要维持一个程序就够了，这样能够减少成本。Salesforce. com 是迄今为止这类服务最为出名的公司。SAAS 在人力资源管理程序和 ERP 中比较常用。Google Apps 和 Zoho Office 也是类似的服务。

实用计算（Utility Computing）：这个主意很早就有了，但是直到最近才在 Amazon. com、Sun、IBM 和其他提供存储服务和虚拟服务器的公司中诞生。这种云计算是为 IT 行业创造虚拟的数据中心，使得其能够把内存、I/O 设备、存储和计算能力集中起来成为一个虚拟的资源池来为整个网络提供服务。

网络服务：同 SAAS 关系密切，网络服务提供者们能够提供

API，让开发者能够开发更多基于互联网的应用，而不是提供单机程序。

平台即服务：另一种 SAAS，这种形式的云计算把开发环境作为一种服务来提供。你可以使用中间商的设备来开发自己的程序并通过互联网和其服务器传到用户手中。

MSP（管理服务提供商）：最古老的云计算运用之一。这种应用更多的是面向 IT 行业而不是终端用户，常用于邮件病毒扫描、程序监控等。

商业服务平台：SAAS 和 MSP 的混合应用，该类云计算为用户和提供商之间的互动提供了一个平台。比如用户个人开支管理系统，能够根据用户的设置来管理其开支并协调其订购的各种服务。

互联网整合：将互联网上提供类似服务的公司整合起来，以便用户能够更方便地比较和选择自己的服务供应商。

由于“云计算”是基于国际互联网的革命性网络应用，其计算模式、存储模式均与传统有很大不同，这给安全保密工作带来了新的挑战。“云计算”的特点决定了“云计算”所保障的安全性是建立在对方信任基础上的，即“云计算”服务商不管是技术上还是道德上都是安全可靠的。然而，在现实世界中，不同国家根据其国家利益，会对某些网络行为进行管理和监控，我们在使用“云计算”服务时，很可能处于一个被监视的环境中，从而产生一定的失泄密风险。

一是可能造成泄密隐患。“云计算”服务商提供的“云”实际存在于不同地点，“云”的构成可能包括专业服务器集群，也可能包括私人电脑，如果在这样的“云”上申请的“云计算”涉及国家秘密，很容易使得计算的目的、数据在不知不觉中被泄露出去，造成泄密风险。

二是可能带来窃密风险。使用“云计算”可以提高工作效率，然而将某些涉密的计算问题交由境外“云计算”服务商进行解决，就可能被境外国家窃取我攻研方向、进度、成果等敏感信息。另外，个人电脑纳入“云”中，并不是简单的网线连接，而是要允许“云计算”服务商提供的管理软件在个人电脑中运行，这相当于给服务商提供了系统“后门”，如果服务商出于种种目的，将间谍软件合成到正常的管理软件中，那么个人电脑中的所有信息将会被全部窃取。

三是可能产生卖密危害。“云计算”是分布式数据处理的一种，数据存储、计算的分布性给极少数人的卖密活动提供便利。卖密者可以将涉密信息存储在“云”中，而买密者可以通过卖密者提供的权限，通过各种能够连接互联网的电子设备实时地接收涉密信息，并删除犯罪证据。另外，“云计算”服务商为了各种需要，可能对数据的传输格式进行重新封装，在一定程度上，相当于涉密信息进行一次加密，使得通过“云”进行卖密更难以被发现。

（6）虚拟存储对信息安全保密的影响。

现在信息系统对存储的要求越来越高，不光是在存储容量上，还包括数据访问性能、数据传输性能、数据管理能力、存储扩展能力等多个方面。可以说，存储的综合性能优劣，将直接影响到某个系统的正常运行。在这种需求下，一种新兴的技术正越来越受到大家的关注，即虚拟存储技术。

所谓虚拟存储，就是把多个存储介质模块（如硬盘、RAID）通过一定的手段集中管理起来，所有的存储模块在一个存储池（Storage Pool）中得到统一管理，从主机和工作站的角度，看到的就不是多个硬盘，而是一个分区或者卷，就好像是一个超大容量（如1T以上）的硬盘。这种可以将多种、多个存储设备统一管理起来，为使用者提供大容量、高数据传输性能的存储系统，就称为虚拟存储。

目前虚拟存储的发展尚无统一标准，从虚拟化存储的拓扑结构来讲主要有两种方式：即对称式与非对称式。对称式虚拟存储技术是指虚拟存储控制设备与存储软件系统、交换设备集成为一个整体，内嵌在网络数据传输路径中；非对称式虚拟存储技术是指虚拟存储控制设备独立于数据传输路径之外。从虚拟化存储的实现原理来讲也有两种方式，即数据块虚拟与虚拟文件系统。

虚拟存储技术的实现方式主要分为如下几种：

（a）在服务器端的虚拟存储。服务器厂商会在服务器端实施虚拟存储。同样，软件厂商也会在服务器平台上实施虚拟存储。这些虚拟存储的实施都是通过服务器端将镜像映射到外围存储设备上，除了分配数据外，对外围存储设备没有任何控制。服务器端一般是通过逻辑卷管理来实现虚拟存储技术。逻辑卷管理为从物理存储映射到逻辑上的卷提供了一个虚拟层。服务器只需要处理逻辑卷，而不用管理存储设备的物理参数。用这种构建虚拟存储系统，服务器端是一个性能瓶颈。

（b）在存储子系统端的虚拟存储。另一种实施虚拟的地方是存储设备本身。这种虚拟存储一般是存储厂商实施的，但是很可能使用厂商独家的存储产品。为避免这种不兼容性，厂商也许会和服务器、软件或网络厂商进行合作。当虚拟存储实施在设备端时，逻辑（虚拟）环境和物理设备同在一个控制范围中，这样做的益处在于：虚拟磁盘高度有效地使用磁盘容量，虚拟磁带高度有效地使用磁带介质。

（c）网络设备端实施虚拟存储。网络厂商会在网络设备端实施虚拟存储，通过网络将逻辑镜像映射到外围存储设备，除了分配数据外，对外围存储设备没有任何控制。在网络端实施虚拟存储具有其合理性，因为它的实施既不是在服务器端，也不是在存储设备端，而是介于两个环境之间，可能是最“开放”的虚拟实施环境，最有可能支持任何的服务器、操作系统、应用和存储设备。从技术上讲，在网络端实施虚拟存储的结构形式有以下两种：对称式与非对称式虚拟存储。

从目前的虚拟存储技术和产品的实际情况来看，基于主机和基于存储的方法对于初期的采用者来说魅力最大，因为他们不需要任何附加硬件，但对于异构存储系统和操作系统而言，系统的运行效果并不是很好。基于互联设备的方法处于两者之间，它回避了一些安全性问题，存储虚拟化的功能较强，能减轻单一主机的负载，同时可获得很好的可扩充性。

虚拟存储具有如下特点：

（a）虚拟存储提供了一个大容量存储系统集中管理的手段，由网络中的一个环节（如服务器）进行统一管理，避免了由于存储设备扩充所带来的管理方面的麻烦。例如，使用一般存储系统，当增加新的存储设备时，整个系统（包括网络中的诸多用户设备）都需要重新进行烦琐的配置工作，才可以使这个“新成员”加入到存储系统之中。而使用虚拟存储技术，增加新的存储设备时，只需要网络管理员对存储系统进行较为简单的系统配置更改，客户端不需要任何操作，感觉上只是存储系统的容量增大了。

（b）虚拟存储可以大大提高存储系统整体访问带宽。存储系统是由多个存储模块组成，而虚拟存储系统可以很好地进行负载平衡，把每一次数据访问所需的带宽合理地分配到各个存储模块上，这样系统的整体访问带宽就增大了。例如，一个存储系统中有4个存储模块，每一个存储模块的访问带宽为50Mbps，则这个存储系统的总访问带宽就可以接近各存储模块带宽之和，即200Mbps。

（c）虚拟存储技术为存储资源管理提供了更好的灵活性，可以将不同类型的存储设备集中管理使用，保障了用户以往购买的存储设备的投资。

（d）虚拟存储技术可以通过管理软件，为网络系统提供一些其他有用功能，如无需服务器的远程镜像、数据快照等。

虚拟存储相对于传统存储技术而言，其稳定性、安全性和效率有了一定程度的提高。但是，安全性的提高只是针对传统存储方式面临的问题，虚拟存储会产生一些新的安全弊端，给安全保密工作带来新的格局。虚拟存储功能会给安全检查工作带来困难。虚拟存储提供了一种保存数据的新方式，由于数据并不是保存在用户的个人电脑中，而是分布在虚拟的各个存储节点上，并且这些节点也可以实时地加入或退出，这可能会使计算机安全检查工作出现无数据可查的情况，同时，也给利用虚拟存储功能进行卖密的案件的取证工作带来很大难度。

四　基于下一代网络技术的安全保密模型设计

前文分析了下一代网络各类关键技术对信息安全保密工作的影响，为了更深层地探询下一代网络条件下的安全威胁，以便寻找对策和办法，我们继续整合抽象各种问题和方法，尝试建立各类攻防理论模型，包括攻击模型、安全保密技术模型、安全保密管理体系模型等。

1. 下一代网络条件攻击模型

下一代网络条件下的网络攻击模型见图1。

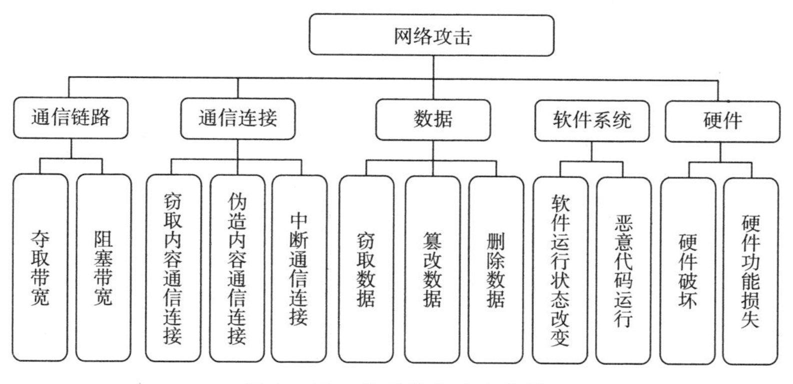

图1　下一代网络的攻击模型

下一代网络攻击呈现出与“上一代”不同的特点和趋势，主要体现在以下几个方面：

一是对基础设施将形成越来越大的威胁。基础设施攻击是大面积影响互联网关键组成部分的攻击。由于用户越来越多地依赖互联网完成日常业务，基础设施攻击引起人们越来越大的担心。基础设施面临分布式拒绝服务攻击、病毒、对互联网域名系统（DNS）的攻击和对路由器攻击或利用路由器的攻击。

二是对政府和军事设施实施的软打击越来越多。攻击重要部门的计算机信息系统，一方面窃取计算机信息系统中存储的重要信息，另一方面打乱其正常工作秩序。

三是经济领域犯罪越来越多地通过网络手段实施。电子货币和商业贸易等必须搬到网上，犯罪将形影不离。经济诈骗等犯罪行为很容易地就转变为网络诈骗。由于网络诈骗等经济类犯罪具有高技术化、跨国化、形式多样性和隐蔽性等特征，严重威胁着网络经济的正常发展，而有关网络经济犯罪的法律法规制定又相对滞后，留给犯罪分子更多的机会和空间。

四是恐怖活动利用网络越来越多。美国乔治城大学信息安全专家丹宁认为网络恐怖主义是“恐怖主义和网络空间的结合，是指非法攻击或者威胁攻击计算机、网络以及存储在其中的信息，以威胁或者强迫某国政府及其人民满足一定的政治或者社会目的”。

五是下一代网络和云计算的服务提供商要解决自身安全问题。他们的网络是安全的吗？有没有别人闯进去盗用我们的账号？他们提供的存储是安全的吗？会不会造成数据泄密？这些都是云计算服务提供商们要解决、要向客户承诺的问题。

六是下一代网络和云计算提供的服务功能与其安全性能形成反比。如果用户让云服务提供商做的事情越多，那这个云服务提供商在安全和隐私方面的责任就会越大。比如关键业务的应用，足够的可靠性保障将成为这些业务迁移到云计算平台的前提。云计算增加了将潜在的数据暴露给非授权用户的风险，因此身份认证和访问技术也是云计算服务提供商们为用户提供云安全服务的保障。不仅如此，企业的合规性以及为云计算服务提供的自动化管理，也都将会随之变得日益重要。

七是下一代网络一统天下的局面和随着“云”聚集更多的资源，将会使其成为网络犯罪的“众矢之的”。云计算模式下所有的数据都集中到了云端，使云端成为黑客最大的攻击目标 。

2. **下一代网络条件下安全保密技术模型**

按照计算机网络分层结构，在各层次嵌入相应的安全保密技术，提供安全保密服务，下一代网络条件下安全保密技术模型如图 2 所示。

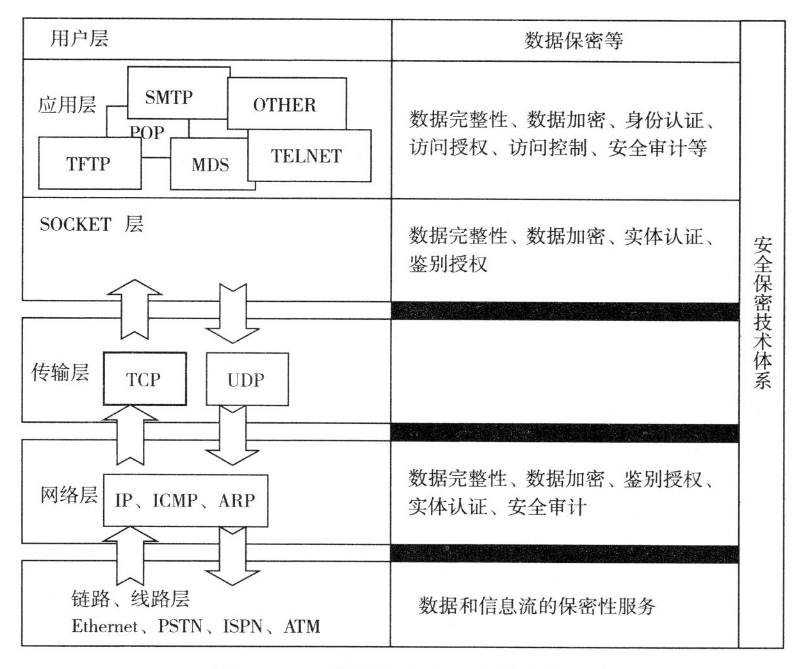

图 2　下一代网络安全保密技术模型

下一代网络条件下安全威胁日益严峻。从技术角度出发，安全保密技术也显现出以下趋势。

一是核心技术竞争更激烈。目前我国在网络安全领域存在三大误区，即通过阻隔实现网络安全、通过协议实现应用安全、通过定密确保信息保密，导致核心技术研究不够，依靠进口，把安全保密建筑在别人打好的地基上。芯片、操作系统等核心技术是计算机及网络的灵魂，是计算机安全保密的根本保证。但这类技术目前仅为少数国家和少数企业所拥有，源代码不公开，测试其安全性非常困难。国外有的厂商还受制于所在国的政府安全部门，在核心部件中留有后门，因而，用他们的核心技术构筑起来的计算机系统不可能是安全保密的。在产品出口等级限制方面，美国出口中国的产品目前只有 C2 级，仅有 2 条安全措施，目前正考虑向我国开放 B1 级产品，而美国对欧盟和日本则开放到 B2。

二是攻击技术和工具的自动化水平不断提高。攻击工具开发者正在利用更先进的技术武装攻击工具。与以前相比，攻击工具的特征更难发现，更难利用特征进行检测。攻击工具具有三个特点：第一，反侦查性，攻击者采用隐蔽攻击工具特性的技术，这使安全专家分析新攻击工具和了解新攻击行为所耗费的时间增多；第二，动态行为，早期的攻击工具是以单一确定的顺序执行攻击步骤，现在的自动攻击工具可以根据随机选择、预先定义的决策路径或通过入侵者直接管理，来变化它们的模式和行为；第三，攻击工具的成熟性，与早期的攻击工具不同，目前攻击工具可以通过升级或更换工具的一部分迅速变化，发动迅速变化的攻击，且在每一次攻击中会出现多种不同形态的攻击工具。

三是发现安全漏洞越来越快。新发现的安全漏洞每年都要增加一倍，而且每年都会发现安全漏洞的新类型，管理人员不断用最新的补丁修补这些漏洞。入侵者经常能够在厂商修补这些漏洞前发现攻击目标。

四是犯罪侦查取证技术手段将有新突破。随着“下一代网络”时代的到来，犯罪侦查取证技术已经慢慢从人口取证转变为计算机取证（Computer Forensics），并主要是围绕电子证据来展开工作的，其目的就是将储存在计算机及相关设备中反映犯罪者犯罪的信息作为有效的诉讼证据提供给法庭。与传统证据一样，电子证据必须是可信的、准确的、完整的、符合法律法规的，即可为法庭所接受的。电子证据还具有与传统证据不同的其他特点：它的精密性和脆弱性都直接影响着它的证明力。在取证技术手段不断有新突破、电子证据大行其道的当今天下，电子证据的安全保密性自然而然显得日趋重要。对于我们公安部门来说，如何从技术层面上提高电子证据的安全性，成为今后一段时期内信息安全工作的重中之重。

3. 下一代网络条件的安全保密管理体系模型

面对来势汹汹由下一代网络引发的新一轮安全保密浪潮，我们视而不见或者拭目以待，显然都不是明智的选择。总结过去安全保密管理工作的经验教训，我们只有积极迎战才能逐步寻找到安全保密的对策与办法，从而真正实现信息网络安全保密工作由被动转变为主动。

我们尝试建立应对下一代网络条件下的安全管理体系模型（图3）。

完整的安全管理模型是安全保密工作的抽象总结，是一个庞大的体系工程。该安全管理模型以下一代网络基础为底层，通过建设、评估、跟踪三个安全实施阶段，将安全内容细化成四个体系：组织体系、法制体系、管理体系、技术体系，从而实现安全目标，满足安全需求。

从安全管理流程看，安全保密管理工作贯穿于整个安全实施流程之中，包括前期建设、中期评估、后期实施跟踪等。

该模型的重点将安全内容划分成四个体系：组织体系、法制

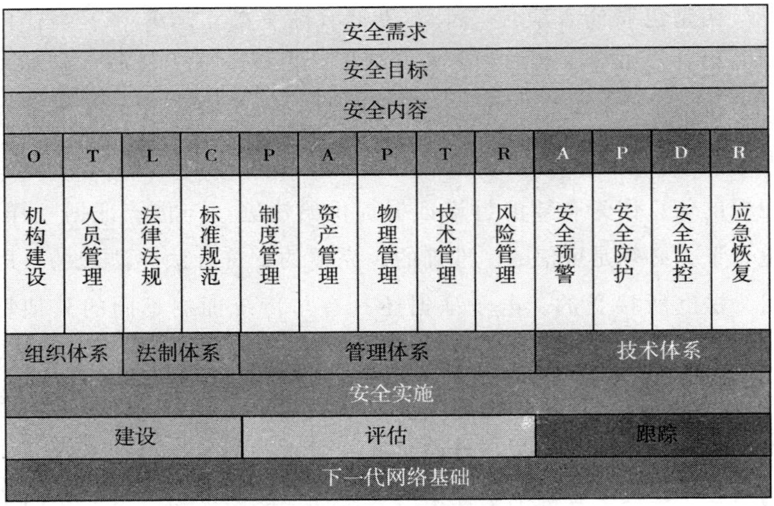

安全需求

安全目标

安全内容

O	T	L	C	P	A	P	T	R	A	P	D	R
机构建设	人员管理	法律法规	标准规范	制度管理	资产管理	物理管理	技术管理	风险管理	安全预警	安全防护	安全监控	应急恢复
组织体系		法制体系		管理体系					技术体系			

安全实施

建设　评估　跟踪

下一代网络基础

图 3　下一代网络安全管理体系模型

体系、管理体系、技术体系。这四个方面的内容共同支撑起整个安全保密管理工作的防御网：

（1）组织体系。

该体系是从安全的主体角度出发，包括人和单位。机构的设置和人员的配备，是安全保密工作相当重要的环节。建设合理的组织机构，提高人员管理水平，是做好下一代网络安全保密管理工作的基础。

我国信息网络安全管理体制是条块分割的系统管理体制。各行政机构负责自己单位的网络信息安全，整个网络信息的安全管理是属于分散的体制，缺少统一的、具有高度权威的信息安全领导机构，这样就难以防范境外情报机构黑客的攻击和网络病毒的侵害，对公共信息的正常传播和安全性产生不良影响。因此，只有建立一个统一的专门管理机构，才能有效地协调各部门的公共信息网络安全工作，进而规范公共信息的传播，提高其利用率，并确保其安全性。

人既是安全保密的实施者、操作者、传播者，也是承担安全保密工作结果的受益人或受害人，人的因素在安全保密管理工作中的重要性不言而喻。规范人员管理，强化人员安全意识，提高人员安全防范水平，这些给安全保密工作带来的好处是直接而且长效的。

（2）法制体系。

法制体系是安全的制度化保障和条例化依据，一方面涉及违法犯罪领域的是法律法规，而另一方面涉及行业技术范围的则是标准规范。

为了维护下一代网络的正常秩序，就有必要建立具有广泛使用和普遍约束力的、人们共同遵守的公共规则，并依此调节网络秩序。为了满足社会对公共信息的需求，并保证其安全性，就必然要求相应的道德规范和公共观念予以呼应，以便公共信息得到更合理的利用。这就要求通过合适的立法，使网络信息空间成为一个能为公共化社会生活和公共交往提供秩序与和谐的公共环境。

现在，虽然我国已经有了一些规范网络的法律文件和行政法规，但是，我国信息网络安全立法还存在很多问题，主要有：①缺少强有力的基本法；②我国的信息网络立法，大都是各部门针对某个行业或领域在计算机网络中的安全与使用问题，缺少协调性和相通性，甚至互相冲突或脱节；③我国现有的法规制度明显滞后，信息网络立法还存在很多方面的空白等。

根据我国实际情况，进一步完善和加强信息网络安全立法已迫在眉睫，具体建议如下：①尽早做好有关立法的全面规划。这是积极有序地开展信息网络安全立法的基础，也是提高立法质量的重要举措。借鉴发达国家信息网络立法的经验，结合我国实际，尽快开展《信息网络安全法》的立法调研。②考虑尽早制定一部基本法。③在基本法出台之前，可以先着手制定某些急需的单行法，研究一部，成熟一部，制定一部。逐步形成由信息网络安全的主体和内容、客体三个方面构建的不同立法框架。④在修订现有的有关法律及正起草的有关法律中，注意研究和增加涉及公共信息网络安全的内容。

（3）管理体系。

管理体系通过对制度、资产、物理、技术、风险五方面的综合管理，构建完整的安全管理体系。

我们很容易理解制度、资产、物理、技术、风险五方面管理的内容，但如何把这几方面内容抽象出来构建一个完整的管理体系则不是一个容易的事。它要经过一系列的步骤，慢慢进化演变而成。

①策划：依照组织整个方针和目标，建立与控制风险、提高安全有关的方针、目标、指标、过程和程序。

②实施：实施和运作方针（过程和程序）。

③检查：依据方针、目标和实际经验测量，评估过程业绩，并向决策者报告结果。

④措施：采取纠正和预防措施进一步提高过程业绩。

四个步骤成为一个闭环，通过这个环的不断运转，使安全管理体系得到持续改进，使信息安全绩效（performance）螺旋上升。

（4）技术体系。

技术体系是安全的关键，它包括安全预警、安全防护、安全监控、应急恢复等内容。安全保密技术体系中又以防火墙技术、信息加密技术、数字签名、身份认证技术等为核心技术内容。

防火墙技术。防火墙（Firewall）是指设置在不同网络（如可以信任的企业内部网和不可以信任的外部网）或网络安全域之间的一系列软件或硬件的组合。在逻辑上它是一个限制器和分析器，能有效地监控内部网和互联网之间的活动，保证内部网络的安全。为了促进公共信息正常网络传播和提高安全性，可以在网络中实施三种基本类型的防火墙：包过滤型、应用层网关、电路层网关。创建防火墙时，必须决定防火墙允许或不允许哪些传输信息从互联网传到本地网或从别的部门传到一个被保护的部门。防火墙的三种基本体系结构分别是：双宿主主机结构、主机过滤结构、子网过滤结构。

信息加密技术。数据加密技术是网络中最基本的安全技术。主要是通过对网络中传输的信息进行数据加密来保障其安全性，这是一种主动安全防御策略，用很小的代价即可为信息提供相当大的安全保护。加密是一种限制对网络上传输数据的访问权的技术。原始数据（明文，plaintext）被加密设备（硬件或软件）和密钥加密而产生的经过编码的数据称为密文（ciphertext）。将密文还原为原始明文的过程称为解密，它是加密的反向处理，但解密者必须利用相同类型的加密设备和密钥对密文进行解密（图4）。

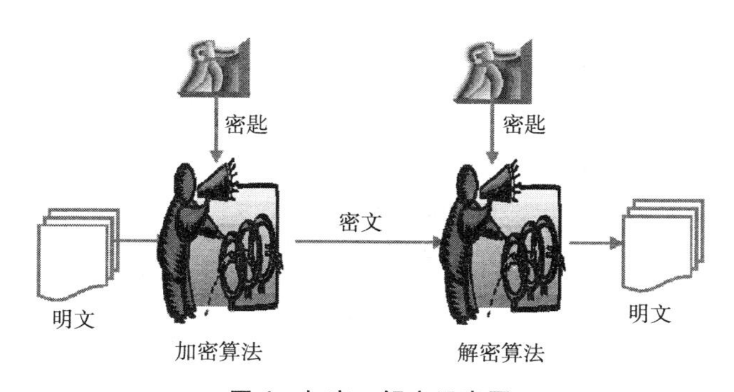

图4　加密、解密示意图

数字签名。数字签名（Digital Signature）指发送者根据消息产生摘要，并用自身的签名私钥对摘要进行加密，消息和用自身签名私钥加密的数字摘要组合成数字签名。数字签名的作用是保证签名的不可否认性、消息内容的完整性。通过加密，我们可以保证某个接收者能够正确地解密发送者发送的加密信息，但是我们接收到的信息的声明者是不是该信息的实际作者，这就要求对传输进行鉴定和证实。一般说来，当你用数字标识一个文件时，你为这个文件附上了一个唯一的数值，它说明你发送了这个文件，并且在你发送之后没人修改它。

身份认证技术。身份认证（Authentication）是指计算机及网络系统确认操作者身份的过程，其实质是查明用户是否具有它所请求资源的存储和使用权。身份识别（Identification）是指用户向系统出示自己的身份证明的过程。这两项工作常被称为身份认证，其是判明和确认通信双方真实身份的两个重要环节。通常在单机状态下的身份认证有三种：根据人的生理特征进行身份认证；根据口令进行身份认证；采用硬件设备进行身份认证。这些都为公共信息的正常传播和安全性提供了技术支持。

五　信息安全保密实践

本文认为就某单位信息化中的安全保密问题而言，可能应该从以下几方面超前谋划，按照上文备注的模型与步骤实施，从而加强信息安全保密系统相关的建设实践工作。

一是必须建立相适应的管理体制和机制。管理体制和机制是信息安全保密系统发挥作用最根本的保证。其中，体制解决谁来管的问题，法制解决靠什么管的问题，机制解决怎么管的问题，措施解决管什么的问题。一套完善高效的管理体制和机制，囊括的范围很广，大到等级保护、系统安全、测评认证、市场准入，小到产品、服务、政府采购、密码管理等。每个单位针对自身信息安全保密的需求，充分结合信息安全保密工作特点，建立与之相适应的管理体制。

二是形成信息安全保密工作体系。在过去的几年里，信息安全技术的研究和信息安全产品供应都是以节点产品为主的。例如防火墙、防杀毒、入侵检测都是以某一局域网的节点控制为主的，很难实现纵向的体系化的发展。特别是在电子政务、电子党务等纵向大型网络规划建设以后，必须要能够实现全网动态监控。就横向而言，以前出现的两方面的问题仍将存在并发展：一是安全产品很难与信息系统的基本组成要素如光驱、软驱、USB接口、打印机等之间无缝衔接；二是各种安全产品之间很难实现协同工作。要实现信息系统的立体安全防护，就必须实现安全产品纵、横向的有机结合，以实现高效立体防护。以审计监控体系为例，多级审计实现了全网的策略统一、日志数据的管理统一与分级查询，提供标准化的接口可以与防火墙、入侵检测、防杀毒等安全产品无缝衔接、协同工作，提供自主定制的应用审计则是有效保障了应用系统的责任认定和安全保障，这样就构建了一个完整的安全保障管理体系。

三是强化等级保护思想，积极运用等级保护标准规范来构建各类信息系统。“等级保护”一直是信息安全领域的热点话题，“等级保护”的思想在国外已经经过很长时间的实践应用，并很好地解决了信息保密、系统安全、硬件保护、资源访问等几方面问题。我国在20世纪末制定了计算机信息系统安全保护等级划分准则的国家标准。标准规定了计算机系统安全保护能力的五个等级，即：第一级，用户自主保护级；第二级，系统审计保护级；第三级，安全标记保护级；第四级，结构化保护级；第五级，访问验证保护级。它通过对自主访问控制、身份鉴别、数据完整性、客体重用、敏感标记、强制访问控制、可信路径、隐秘信道、审计、可信恢复等内容的详细定义，从而完整地描述了各个保护等级的特征。“等级保护”思想是信息领域的大势所趋，将其融入“下一代网络”的大潮中，必然能够较为全面准确地定位信息安全保密工作的薄弱点，从而应对各类保密安全难题。目前，公安网络被定为第四保护等级，其余接入的网络通常被定位为第三保护等级。今后，对下一代网络进行全面完整的保护等级划定，对信息安全保密工作具有十分重要的意义。

四是坚持走融合化之路。过去，信息安全技术的发展呈现出两极分化的趋势，即专一之路和融合之路。诸如防火墙、IDS（入侵检测系统）、内容管理等产品方案会越做越专，这是因为一些安全需求较高的行业（如电信、金融行业）须应对复杂多变的安全威胁。随着下一代网络一统天下局面的形成以及三网融合的发展和应用，信息安全技术融合也是一种趋势。在安全级别要求不太高的行业，对一些综合性的安全产品需求会越来越多，例如校园网。

五是由防“外”为主转变为防“内”为主，建立审计监控体系。85%～95%网络风险和威胁是来自内部，建立和加强“内部人”网络行为监控与审计并进行责任认定，是网络安全建设重点内容之一。信息系统受到攻击的最大总量来自恶意代码和与企业有密切联系的个人的非法使用。中国在电子邮件、资源使用和电话使用中对内部人的监测都不及美国。资料显示：中国只有11%的网络注重对内部网络行为的监控与审计，而且多为制度监管。而在美国这一数值达到了23%，并多为技术监管。起到完整的责任认定体系和绝大部分授权功能的审计监控体系对控制“内部人”风险起到有效的防范作用，是未来安全市场发展的主流。

六是调整思路，正确定密，该保密的坚决保，不该保密的坚决公开，第一时间公开。目前，由于公安行业的特殊性，往往容易产生一种密级不明、保密内容界定不清、保密标准难以规范的局面，从而出现“一律保密”和“全盘公开”两种极端的保密态度。这个问题一方面需要负责安全保密的主管部门明确定级，规范标准，明晰责任；另一方面，需要通过制定规范标准来细化分清安全保密的对象与内容。通过以上两个方面具体明确区分什么保密、什么公开以及保密的等级等。

七是加大人才储备和培养，增强全警安全意识。人员是安全保密工作的主体。一方面，我们要在民警中积极培养一批有一定安全技术水平和较高安全管理能力的安全能手和专家；另一方面，我们要提高全警关于网络安全保密方面的意识和思想水平。安全能手、专家带领我们弥补安全漏洞，攻克安全难题，构筑安全堡垒；而拥有较高安全意识的群体则是安全水平不断提升的基石，也是净化内部环境、减少自身安全隐患的重要条件。

参考文献

胡琳：《NGN 技术在企业网络的应用前景分析》，《通信世界》2005 年第 10 期。

熊松韫、张志平：《构建网络信息的安全防护体系》，《情报学报》2003 年第 2 期。

杨绍兰：《信息安全与网络主体的道德建设》，《河南大学学报》（社会科学版），2003 年第 5 期。

郭御风、李琼、刘光明、刘衡竹：《虚拟存储技术研究》，《NCIS2002 第十二届全国信息存储学术会议》2004 年第 10 期。

江和平：《浅谈网络信息安全技术》，《现代情报》2004 年第 12 期。

杨秀丹、白献阳：《公共信息资源管理研究》，《图书馆论坛》2005 年第 12 期。

彭美玲：《网络信息安全及网络立法探讨》，《现代情报》2004 年第 9 期。

马民虎、董志芳：《信息网络安全监理的法律研究》，《情报杂志》2003 年第 11 期。

中国互联网络信息中心（CNNIC）：《第 16 次中国互联网络发展状况统计报告》，2005 年 7 月。

杜少霞、李社锋：《公共信息网络安全管理模式研究》，《图书馆论坛》2005 年第 12 期。

杨放春、孙其博：《软交换与 IMS 技术》，北京邮电大学出版社，2007 年 5 月。

刘朝斌：《虚拟网络存储系统关键技术研究及其性能评价》［D］，华中科技大学，2003 年 12 月 1 日。

张玉林、郑晓红：《浅谈虚拟存储技术》，《现代通信》2008 年第 7 期。

Katarina de Brisis, Government policy for information resources management and its implication for provision of information services to the public and to the experts. *Computers, Environment and Urban Systems*. 1995, 19 (3): 141 – 149.

Chris Sundt. Information security and the law. *Information Security Technical Report*. 2006, 11 (1): 2 – 9.

Chalton Simon. It is impossible to control information by law, but the law can control the way people use information. *Computer Law and Security Report*. 2004, 20 (4): 300 – 305.

（作者：蒋平，本文根据作者在北京等地培训讲稿整理而成）

浅谈物联网中的隐私安全

信息技术的发展使得数据的大量收集和整理成为可能。其中的私有数据隐含着无限的商业利益，驱动着各类经营者大量收集、利用甚至交易私有数据。2017 年 2 月 16 日央视新闻频道就报道了记者亲身体验购买他人信息、揭秘个人信息买卖黑市状况的新闻。只须提供一个手机号码，就能买到该人的身份信息、通话记录、实时位置、出行轨迹等多项隐私。可见，借助网络信息系统，用户隐私权被侵犯的现象非常严重。

如今，伴随着大数据、云计算、互联网和移动网的快速发展，越来越多的人和物要与网络信息系统进行交互，任何物品都可以通过射频识别、传感器、红外感应器、全球定位系统、激光扫描器等信息采集设备，进行信息的交换和通信。这个过程必定会在系统中产生大量的关于谁、什么时间、在哪里、与谁、如何、进行了哪些交互的数据，这些数据包含了大量的个人隐私信息，如果处理不当，在数据共享和交互中就会遭到恶意收集、恶意利用。

对于个人而言，敏感数据可能涉及个人行为、爱好、健康状况、宗教信仰、行为轨迹等私密问题，泄露严重时甚至会危及人的生命。对于机构和组织而言，敏感数据可能涉及商业机密，一旦泄露可导致巨大的经济损失。

一　什么是物联网

物联网，是继计算机、互联网和移动通信之后的新一轮信息技术革命，是信息产业领域未来竞争的制高点和产业升级的核心驱动力。自1999年被美国麻省理工学院Auto-ID中心提出以来，在世界范围内的关注度与日俱增，是各国近年产业政策支持的重点。2005年，国际电信联盟在《物联网》报告中提出世界上的任何物品都能连入网络，物与物之间的信息交互不需要人工干预，可实现自主智能交互。

物联网业界比较认可的三层体系结构是感知层（利用RFID、传感器、全球定位系统、激光扫描器等随时随地获取物体的信息）、网络层（也称传输层，将物体信息实时准确地进行传递）和应用层（利用云计算、模糊识别等智能计算技术对海量数据和信息进行分析和处理，对物体进行智能化控制），如图1所示。

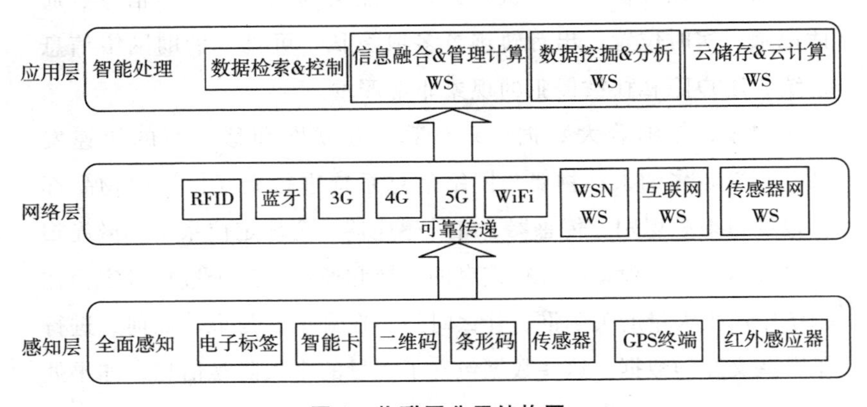

图1　物联网分层结构图

物联网是基于传统互联网发展起来的，是互联网的延伸。互联网存在的安全问题，物联网也同样存在。但物联网的组织形态、网络功能及性能上的要求又与互联网有很大的区别。由于物联网所连接和处理的对象更为广泛，可以是公共空间中的设备和实体，也可以是专有领域或私有空间的设备和实体，如何保护连接对象的隐私不受侵犯是物联网推广过程中必须要解决的关键问题。

二 物联网隐私威胁的内容

1. 隐私安全与信息安全的区别与联系

所谓信息安全是指保护信息资源，防止未授权者蓄意或授权者偶然对信息资源的破坏、改动、非法利用或恶意泄露。在国际标准化组织的信息安全管理标准规范（ISO/IEC 17799）中，定义了信息安全的基本特性，包括机密性、完整性、可用性、可控性和不可否认性。由此可见，信息安全包括隐私安全，信息安全的检测与防御技术可应用于保护隐私信息。但二者又存在一些差别。

首先，隐私指当事人不愿他人知道、干涉或侵入的私人信息，一般总针对个人用户而言，它往往与社会公共利益无关，信息安全则更多与系统、机构、组织等公共利益相关。

其次，隐私具有相对性，每个人对于个人信息是否属于隐私的判断也是不相同的。比如身高、病史、婚史等，某些人视其为隐私，而某些人却愿意对外公开。个人的主观态度影响着隐私的界定。而信息安全问题往往是绝对的，不依赖于个人的观点和态度而变化。

最后，信息安全往往保护数据不对外公开，核心是保证非授权用户不能访问敏感数据，一般通过访问控制切断攻击者到敏感数据的链路，或者通过加密技术使数据不可读。而在隐私安全问题上，有时隐私数据是可以对外公开的，甚至有时是任何人都可以访问的，核心是要保证数据与个人之间不能建立一对一的对照关系，重点是不能把数据映射到具体某人。

由此可见，隐私安全与信息安全既有共同的目标，又有其特殊的需求。

2. **物联网的隐私威胁的分类**

从隐私拥有者的角度而言，分为个人隐私和共同隐私。个人隐私指涉及个人身份、财产情况、健康情况、宗教信仰、工作情况、家庭情况等私密信息。共同隐私是团体共同表现出来的不愿被暴露的信息，如公司员工的平均薪资、薪资分布等信息。

从隐私所暴露的内容来看，分为身份信息隐私、位置信息隐私和其他信息隐私。身份信息隐私指能确定实体身份的私有数据，比如身份证号码、社保编号等。一旦获取了某人的身份隐私，就侵犯了他的隐私权，可能导致损害个人的社会声誉，甚至受到不法分子的敲诈勒索。位置信息隐私指能确定实体的地理位置，从而可能形成行动轨迹的一系列数据。一旦暴露了用户的位置信息，就可能暴露其工作单位、家庭住址、生活习惯等，更有甚者可能会招致不法分子的拦劫和伤害。其他信息隐私指除身份和位置以外的隐私属性，包括实体相关的兴趣爱好、消费习惯、健康状况等。一旦被公开，可能会受到商业推广中的垃圾信息骚扰。

3. **物联网隐私度量标准**

隐私度量是指评估个人的隐私水平及隐私保护技术应用于实际生活达到的效果，通常通过以下几个方面进行衡量。

隐私保护度：通过对发布数据或位置隐私的披露风险来反映。披露风险越小，隐私保护度越高。披露风险依赖于攻击者掌握的背景知识，攻击者掌握的背景知识越多，披露风险越大。

服务质量：用于衡量隐私算法的优劣，一般可通过查询响应时间、计算和通信开销、查询结果的精确性来衡量。在相同的隐私保护度下，服务质量越高说明隐私保护算法越好。

数据的机密性：数据必须按照数据所有者的要求保证一定的机密性，不会被非授权的第三方非法获得。任何人只有得到拥有者的许可才能获得敏感信息。信息系统必须能够防止信息的非授权访问和泄露。

数据的完整性：包括数据的正确性、有效性和一致性。不因人为因素改变信息的原有内容、形式和流向，保证数据不被非法地篡改和删除，保证系统以无害方式按照预定的功能运行，不受有意或者恶意的非法操作所破坏。

数据的可用性：保证数据资源能够提供既定的功能，而不因系统故障和误操作等使资源丢失或妨碍对资源的使用，使服务不能得到及时的响应。

三　物联网的隐私保护方法

物联网中的隐私保护有两个重点：一是如何保证数据在采集和发布的过程中不泄露隐私；二是如何更有效地利用好这些数据。因此隐私保护技术领域的研究工作主要集中在如何达到这两方面的平衡。目前的隐私保护方法大体可分为基于数据失真的隐私保护、基于数据加密的隐私保护和基于限制发布的隐私保护三类。

基于数据失真的隐私保护方法是主要通过扰动使敏感数据失真，同时保持某些数据和属性不变的策略。例如通过添加随机噪声、交换等技术对原始数据进行扰动处理，虽然发布的数据不再真实，但在数量较大的情况下，其统计特性仍能保持精确。

基于数据加密的隐私保护采用加密技术，在数据挖掘过程中隐藏敏感数据，多用于分布式应用环境中，如安全多方计算。这个方法来自著名科学家姚启智 1982 年提出的百万富翁问题，是指在一个互不信任的多用户网络中，多个用户通过网络协同运算完成可靠的计算任务，同时又保持各自数据的安全性和私密性。

基于限制发布的隐私保护主要采用的是数据匿名化技术，即在隐私披露风险和数据精度之间进行折中，有选择地发布敏感数据及可能披露敏感数据的信息，但保证敏感数据及隐私的披露风险在可容忍的范围之内。

物联网数据隐私中有一类为位置数据隐私，是基于位置服务（Location - based Service，LBS）得到的有关用户现在及过去位置信息的一类隐私数据。LBS 给移动用户提供方便的同时，也对用户的隐私安全造成了极大的威胁。根据 LBS 系统中的位置信息，可推断出用户的家庭住址、生活习惯、宗教信仰、健康状况甚至行动轨迹等敏感信息。因此，要采取一定的措施，确保用户在享受位置服务便利的同时，位置隐私信息不被泄露和滥用。

下面以位置隐私保护为例，研究物联网的隐私保护技术。

在 LBS 中，隐私保护主要涉及两类信息：用户身份标识和位置信息标识。基于匿名的隐私保护技术主要是隐藏用户的身份标识，将用户的身份标识和其绑定的位置信息的关联性进行分割。2003 年马尔科·格鲁蒂泽（Marco Gruteser）最早将关系数据库的 k - 匿名概念引入 LBS 隐私保护研究领域，提出了位置 k - 匿名，即当一个移动用户的位置无法与其他 $k-1$ 个用户的位置相区别时，就称此位置信息满足位置 k - 匿名。

将位置信息表示成一个包含三个区间的三元组（$[x_1, x_2]$，$[y_1, y_2]$，$[t_1, t_2]$），其中（$[x_1, x_2]$，$[y_1, y_2]$）表示用户所在的二维空间区域，$[t_1, t_2]$ 表示用户在该区域的时间段。在此时间段内，该区域至少包含 k 个用户。这样的用户集合就满足位置 k - 匿名。如图 2 所示，User 1、User 2、User 3 经过位置匿名后，所属区域均用（$[x_{lb}, x_{ru}]$，$[y_{lb}, y_{ru}]$）表示。其中，（x_{lb}，y_{lb}）是匿名区域的左下角，（x_{ru}，y_{ru}）是匿名区域的右上角。对于攻击者而言，只知道此匿名区域内有 3 个用户，具体哪个用户在哪个位置他无法确定，因为用户在匿名区域中任何一个位置出现的概率相同。因此，在 k - 匿名模型中，匿名集由同一个匿名框内出现的所有用户组成。k 值越大，匿名程度越高（表 1）。

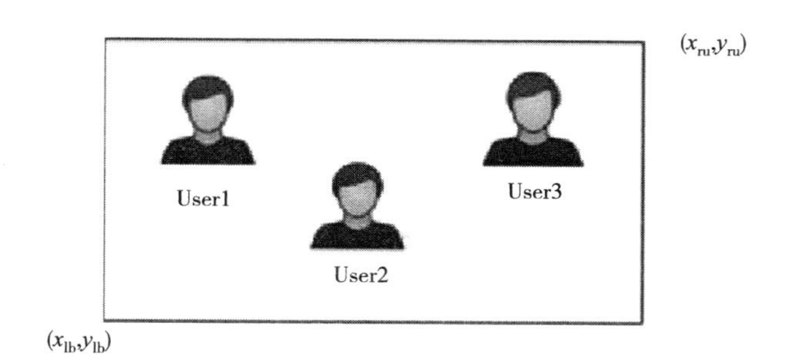

图 2　匿名

表 1　匿名

用　户	真实位置	匿名后的位置
User 1	x_1，y_1	（$[x_{lb}$，$x_{ru}]$，$[y_{lb}$，$y_{ru}]$）
User 2	x_2，y_2	（$[x_{lb}$，$x_{ru}]$，$[y_{lb}$，$y_{ru}]$）
User 3	x_3，y_3	（$[x_{lb}$，$x_{ru}]$，$[y_{lb}$，$y_{ru}]$）

在 LBS 中，通过降低移动对象的空间粒度对用户的隐私位置进行保护。即用一个空间区域来表示用户的真实位置，区域位置可以是矩形或者是圆形。如图 3 所示，用户 User 的真实位置用黑色圆点表示，空间匿名将用户位置扩大为一个区域，如图中的虚线圆。用户在此圆内某个位置出现的概率相同。攻击者仅知道用户 User 在这个空间区域内，但无法知道具体位置。

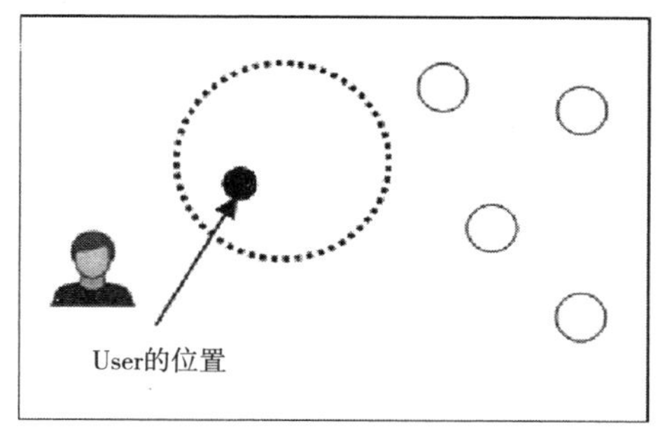

图 3　空间匿名

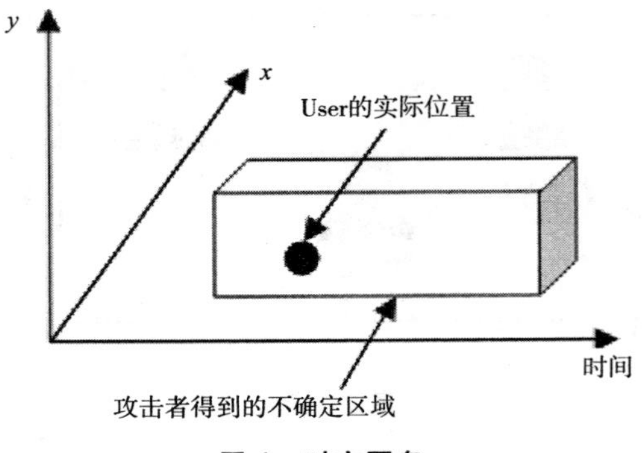

图 4　时空匿名

若在空间匿名的基础上增加时间轴，如图 4 所示，即是在扩大位置区域的同时，延迟响应时间。如果该时间段内的查询次数越多，用户的隐私匿名度就越高。对于攻击者而言，仅知道用户 User 在某时间段内出现在某个位置区域，而无法知道其在具体时刻的具体位置。

四　隐私保护相关的法律法规现状

制度和法规是规范隐私保护的基本手段。欧盟于 2012 年发布了通用数据保护法案，制定了包括数据确权、删除、流转范围、违规使用等方面的法规。美国政府在 2012 年宣布推动《消费者隐私权利法案》的立法程序，2016 年美国联邦通信委员会向国会提交了用户隐私保护法令。目前，世界上有 50 多个国家和地区制定了保护个人信息的相关法律。

我国的隐私权保护制度还在逐步研究和完善中。为了适应世界立法发展的主流趋势和我国法治国家建设的需要，我国法学界正逐年加大立法中隐私权问题的专门性研究力度。2009 年的《刑法修正案（七）》增加了出售、非法提供公民个人信息罪，以及非法获取公民个人信息罪两个罪名。2015 年的《刑法修正案（九）》将两项罪名归并为一项，规定了新的侵犯公民个人信息罪罪名，并加重处罚，最高可判7年。

2016年11月7日通过的《中华人民共和国网络安全法》，规定了公民个人信息保护的基本法律制度，主要有：一是网络运营者收集、使用个人信息必须符合合法、正当、必要原则；二是规定网络运营商收集、使用公民个人信息的目的明确原则和知情同意原则；三是明确公民个人信息的删除权和更正权制度；四是明确网络安全监督管理机构及其工作人员对公民个人信息、隐私和商业秘密的保密制度等。

专业人士仍然认为，目前侵犯他人隐私的有罪行为类型仍然相对偏窄，对于非法“处理”个人信息等具有同等法益侵害性的行为涵盖范围有限，对侵害个人信息的民事维权、行政诉讼都存在现实障碍。尤其是近期个人信息遭泄露后的民事维权案例越来越多，开房信息泄露、机票退订诈骗等事件发生后，受害人起诉酒店或航空公司，均遭败诉。但隐私权作为维护公民人格尊严的基本权利，已经引起了中国政府、立法者和广大民众的充分关注，民法学者提出的专家建议稿和人大法工委的官方草案稿里都已将隐私权写入。针对各种侵犯隐私权的现象，理论界给予了高度重视，实践中法院也予以受理，这说明完善我国隐私权的法律保护制度是个时间问题。

但规章制度的制定和立法过程往往比较漫长，无法及时应对新科技带来的新威胁。与此同时，科技发展日新月异，隐私保护作为新兴的研究热点，研究如何从技术角度解决用户隐私的保护问题，为物联网的应用发展保驾护航，受到学术界的广泛关注与重视。

五　小结

随着物联网技术的深入研究，物联网产品的逐步推广，物联网通信各个环节的参与者都有机会接触隐私信息。这包括信息的发送方和接收方、网络服务的传送者和提供方、增值服务提供商等。在实际通信过程中，许多攻击者来源于通信的参与方。为了商业利益，某些服务提供者可能会泄露或滥用用户遗留在通信系统中的个人敏感数据。例如，医疗服务提供商存在把用户的医疗数据出售给保险公司从而获得一定利益的可能，位置服务提供商存在未经用户许可向恶意用户或攻击者泄露用户所在位置数据的可能。

随着移动网络、云计算、数据挖掘等技术的发展，物联网已经开始在军事、工业、农业、环境监测、海洋探索、医疗、建筑等领域迎来一轮建设高峰。现有的互联网和移动通信网的隐私保护技术需要深入研究才能更好地满足物联网科技发展的需求，目前的隐私保护法律和制度也需要充分革新才跟上社会发展的脚步。物联网中的隐私保护是涉及多学科的交叉问题，必须从技术和制度两个层面双管齐下，才能确保用户在享受物联网带来便利的同时，其隐私信息在流通的各个环节中不被泄露和滥用，这将无可回避地影响着整个物联网的推进进程。

参考文献

桂小林、张学军等：《物联网信息安全》，机械工业出版社，2014。

李联宁：《物联网安全导论》，清华大学出版社，2013。

雷吉成：《物联网安全技术》，电子工业出版社，2012。

赵贻竹、鲁宏伟等：《物联网系统安全与应用》，电子工业出版社，2014。

（作者：赵洁）

信息安全保密

这部分内容整理了有关新一代网络风险与对策的研究成果，共收集了三篇文章：《公安网安全统一管理平台设计及应用》《从“棱镜”事件看我国的信息安全保密问题》《无证书公钥加密及其在云存储中的应用研究》。

第一篇文章分析了国内外主流的网络管理平台，介绍了某市公安局网络安全管理平台的总体结构和技术路线，探讨了平台的应用环境以及建成后平台的应用效果。第二篇文章分析了“棱镜”事件对社会的影响，阐述了我国信息安全现状，指出我国信息安全保密工作任重而道远。第三篇文章介绍了无证书公钥密码体制的概念，并通过无证书公钥加密来介绍无证书公钥体制。同时，鉴于无证书公钥系统具有灵活、易部署的特点，探讨了基于无证书加密的云端数据的机密性保护和访问控制，设计了一个无证书代理再加密方案。

公安网安全统一管理平台设计及应用

引　言

随着计算机技术和网络技术应用的日益普及，各地政府部门将如何构建一个安全、高效的网络系统作为政府信息化发展目标之一。作为政府行政机构，公安系统 20 世纪 90 年代就已经开始了网络系统工程的建设。经过多年的发展，公安系统已形成了自己的一些信息系统，但是随着网络规模的日渐庞大并且接入了种类和数量都较多的网络设备及安全产品，网络故障点多、管理困难，很难保证网络的高效可靠。为了实现信息的高速传递，建立起一套现代化的计算机网络系统，保证网络的稳定运行，对网络设备和各种软硬件资源的管理与维护就变得至关重要。

一　当前主流的网络管理平台设计思路

目前，网络管理软件很多，但真正实现了面向业务的系统监控平台却不多，其主要包括国际软件平台 IBM Tivoli、HP Open View、CA Unicenter 等，以及国内软件游龙 Site View、复旦光华 IT View 等。

HP Open View 网络管理平台：HP Open View 应用管理解决方案，其体系结构采用单一管理数据库、一致化的公共界面。所有

HP Open View 家族中的网络、设备、计算机系统、数据库、应用程序等管理工具软件及几百个第三方厂家的产品都能运行在 Open View 平台上，共享一个 Oracle 数据库。这种结构的好处是：所有 IT 管理人员针对同一被管目标，所看到的信息是一致的。

HP Open View 给用户提供一个全面的解决方案，也就是说能管理网络中的所有资源，包括：网络设备、系统性能、数据库、安全、应用系统、互联网、服务等。HP Open View 同时给用户提供了一个集中的管理方法，用户通过一台中心管理机，就可以看到所有管理的资源，包括这些管理对象的实时运行情况，即使这些对象的具体物理位置可能远隔千里。这种端到端的管理模式，也是业界领先技术。

二　公安网安全管理平台体系结构

（一）总体思路

针对公安工作的具体要求，在对某市公安局现有网络、服务器、应用、安全、存储、环境等基础架构充分理解的基础上，该平台应该具有以下目标：

（1）可以有效地调配所有的网络系统资源。由于很多网络系统设备不属于单独的一个系统，可以供很多系统共用，因此，通过管理系统，就可以把所有的网络系统资源都纳入网络运行监控管理体系之中。

（2）对网络、系统、应用、终端设备等的管理更加高效，可以保证整个系统的高可用性，可以在故障发生之前发出预警，给管理人员以足够的时间解决问题，这是集中统一监控带来的好处。

（3）可以采用集中的安全告警和事件告警，把来自不同厂商的防火墙、入侵检测、防病毒等各种工具纳入统一的管理体系，通过管理平台，管理所有的安全事件，建立相应的处理机制。

（4）集成事件平台。可以收集来自系统、网络、安全的各种事件，并对事件定义分类，设定处置方案。

（5）可以有自动、规范的流程。在这个流程上，所有的子系统都围绕着服务这个核心。如果任何事件不能达到服务承诺，就会得到告警。来自于系统、网络或来自于安全的任何信息都会体现在平台上，根据服务的级别、等次、服务的响应时间和优先级，就可以处理这些事件、流程。

（6）建立考核管理平台。各种基础信息、运行信息的采集分析机制建立起来后，我们就可以对各部门根据他们的业务范围对其工作情况进行相应的考核评比，以促动各级部门工作业务的开展。

（7）搭建一个科学、合理的集中运行监控与管理平台。实现对网络、应用、安全和 IT 基础环境系统的主动管理，提升总体运行服务水平。

（8）系统体系结构具有良好的可扩展性，能够适应未来网络规模的调整，支持二次开发。

（二）体系结构

这个体系结构（图 1）是一个完整的网络管理、系统管理、安全管理、IT 基础环境管理、运行值班管理解决方案，可以最大限度地保护网络中的投资，并充分考虑到将来管理需求扩展。其中每一个层次之间的描述如下：

1. 管理对象层

管理对象层能够管理某市公安局信息平台，涵盖了机房环境、网络设备、主机系统、业务应用软件、网络安全设备等，同时系统可以管理由网络设备和线路构成的多种链路。

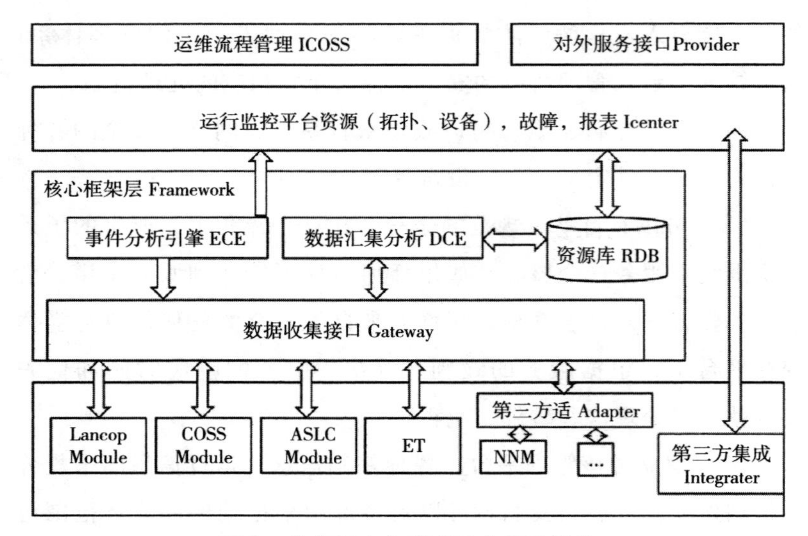

图 1　公安网安全管理平台体系结构

2. 组件管理层

组件管理层通过各类探针（Probe）获得各类被管对象的数据。采集支持多种网络协议和方式，对于不符合标准网络协议的设备，系统提供二次开发的数据采集接口。

采集协议与方式主要包括：SNMP、SNMPTRAP、Agent、WMI、SYSLOG、Telnet、Socket 等。

采集的数据类型主要包括：网络设备、主机系统、系统软件（中间件和数据库）、业务应用软件等。

3. 数据汇聚层

来自不同被管对象的，通过各种采集手段获取的告警、性能、配置数据在数据汇聚层按照预定的规则和流程进行处理。

4. 功能展现层

功能展现层是和用户进行交互的前端，通过对业务功能的合理组织和呈现，为用户提供完善的工作平台。功能展现层借鉴了 Portal 的理念，提供了丰富、动态的展现和配置功能，同时集成了运行维护管理功能。

在其下层模块所提供的功能基础之上，出于公安工作的特殊性，平台还提供了以下几个功能：

运行一览：为领导和管理员提供所有监测器的监测情况。

业务视图：从业务的角度，对某市公安局信息平台的运行状态进行监控。

知识库：对故障的诊断和排除提供建议和向导。通过不断地积累故障处理经验和知识，帮助技术人员不断地提高故障处理速度和技术水平。

电子台账管理：实现资产管理功能，通过电子台账，用户可以对某设备迅速查出“谁对设备做的登记、谁对设备做过维护、设备由谁负责”。

工单管理：支持领导指派、告警自动生成工单，详细记录工单的每步操作，通过此功能有还可以考核运维人员工作效率。

5. 系统自身管理

作为平台级别的软件系统，在实现系统的业务功能的同时，平台本身的管理也是很重要的，只有这样才可以保证系统安全、稳定、高效的运行。

系统自身管理包括：

（1）系统状态监测：系统具有自身管理的能力，后台的守护模块具有检测系统每个模块的运行状态的能力，当某个发生异常的时候，可以自动恢复模块重新运行。

（2）系统权限管理：系统权限管理采用 RBAC 用户管理规范，采用了多层的组织结构、基于角色的管理和权限使用范围管理，比较好地满足国内相对复杂的权限管理要求。

（3）系统安全管理：系统主体架构在 JAVA 平台基础上，JAVA 平台提供了良好的企业级安全特性，同时系统做了 JAVA 平台级的 JAAS 安全策略加固，具有一定防病毒、防入侵、防攻击功能，如果和操作系统的安全防护结合起来，整体系统平台具有良好的安全特性。

（4）系统数据维护：系统采用强大的 Oracle 数据库，提供了方便的备份和恢复功能，为用户提供了自动或者一键备份系统的数据的能力。

（5）系统日志管理：系统会记录自身的运行日志、用户的操作日志、重点功能的操作审计等。

（三）技术路线

1. 基于先进的系统架构

（1）采用面向对象的设计思想，保证系统的可重用性与扩展性。

（2）按照面向服务架构（Service Oriented Architecture，SOA）实现系统内/系统间服务接口，实现系统的松耦合与开放性。

（3）统一操作界面采用基于 J2EE 架构 B/S 的结构，融合流行的 Portal 技术，为用户提供个性化、便捷高效的使用体验。

2. 基于 COBRA 的集成框架

平台底层依托成熟的 CORBA 技术来整合异构的管理平台。CORBA 技术提供了多种技术和语言的互操作性，解决了分布式系统的互通问题，提供了协同工作的底层平台。

平台利用 CORBA 技术作为通信的平台，各个功能模块通过 CORBA 来进行相互的通信、调度、数据交互。通过 CORBA 技术，屏蔽底层的细节，适用于各种应用和异种硬件环境，将分离的应用和数据有效地组织在一起，高效地整合业务流程。

3. 灵活的数据适配层和系统扩展接口

平台既可以通过自身集成的各种采集器来进行数据采集，也提供了灵活的数据接口来满足其他采集器的数据适配，方便将底层数据汇聚到平台中，将数据和流程进行结合，纳入统一的运行管理中。

4. **借助统一数据仓库技术进行数据分析和知识库管理**

平台采用了统一数据仓库来进行各种数据的整合，系统的各种采集数据、告警信息、性能信息都存放在统一数据仓库中。整个统一数据仓库的设计是面向网络管理的，组织方式有别于传统的数据库方式，分析模块采用组件式设计，基于业务模型的分析方法，通过对数据仓库的数据进行多维的分析、挖据、提取，可以得到多种角度的分析结果，例如对运行维护的工作进行考核分析。

5. **借助 Portal 技术来进行综合展现**

基于标准 JAVA Portal API，符合 JSR168 规范，可以和多种 Portal 服务器配合，通过 Web 浏览器进行访问，为用户提供了灵活定制的工作平台。

平台统一操作界面提供了单一的、集中的访问认证的控制机制，采用灵活的角色和权限控制，保障了系统的访问安全性。

（四）实现方式

系统采用 JAVA 平台，采用大型管理软件分层设计理念，提供了架构上更好的延展性，软件每层均采用模块化的设计原则，通过模块提供软件功能的扩展性，每个层次和功能模块均提供了开放式 API 接口，便于进行二次开发，为用户快速地增加和定制功能。

系统在自身全面细粒度的监测基础上，也提供了各种桥接适配器，集成和对接现有的网络管理系统，对于国外主流的管理平台，例如 HP Open View NNM、Smart Plugin 等，可以快速地提供数据的融合，一方面可以有效地保护用户现有投资，一方面借助集成国外软件细粒度的监测功能，为用户提供更加全面有效的管理技术手段。

三　平台应用

（一）硬件环境

某市公安局信息中心机房现有设备共 58 台，其中小型机 4 台，存储陈列 7 台，40 多台微机服务器及 2 台 F5 6400 负载均衡器。

目前某市公安局网络设备主要为交换机，其中包含 CISCO6509、CISCO4000、CISCO3000 系列和华为 QUIDWAY6506 系列，目前使用的程控交换机品牌为华为和科达。所有的传输设备品牌包括马可尼、诺基亚、阿尔卡特。图像监控系统中使用了编码器 PCT3000E、PCT3000D 及 MAX - 1000 视频管理系统。其他设备有 3 台防火墙（包括天网、联想和海信三种品牌）、KILL 入侵检测设备、KILL 邮件过滤网关。

（二）软件环境

小型机的操作系统有 HP UNIX 11I、COMPAQ TURE UNIX、RED HEAD LINUX AS 2.1&3.0&4.0，服务器的操作系统有 WIN2000 SERVER、WIN2000 ADVANCE SERVER、WIN2003 等。

涉及的数据库软件有 ORACLE8i/9i/10g SQLSERVERDBF 及 Access 等。

涉及的中间件软件有 IBM MQ、IBM Websphere、IBM Weblogic、TOMCAT 等。

信息中心现有的业务应用有：网站发布、网站托管、邮件管理、综合查询、警务综合、统一数据交换平台、公共数据交换平台、干部人事、办公自动化、人口数据、督察录音、旅馆数据、视频图像存储等。

四　小结

该平台构建在科学的安全体系和安全框架之上，平台建成后将做到某市局公安信息网故障早发现、早解决，确保计算机系统、网络和应用以及其他系统的连续、可靠、安全运行，降低发生故障的可能性，提高某市公安局整体运行管理水平和服务保障能力，为业务工作提供高效、贴身服务。但应该看到的是，该平台还存在以下不足之处：平台报警方式没有增加语音提醒，管理平台和现有的 GIS 系统对接程度还不够，没有 IP 地址注册审批和 PKI 认证功能等。相信随着金盾工程的深入开展和该平台自身的不断完善，该系统必将给某市公安局的网络管理带来革命性的飞跃。

参考文献

蒋平：《计算机犯罪问题研究》，商务印书馆，2000.8。
周学广、刘艺：《信息安全学》，机械工业出版社，2003。
戴宗坤、罗万伯等：《信息系统安全》，电子工业出版社，2002。

（作者：徐堃、蒋平，本文原载于《网络安全技术与应用》2007 年第 12 期）

从“棱镜”事件看我国的信息安全保密问题

在网络技术飞速发展的时代，信息的地位不断提升，信息安全保密越来越受到重视，已经上升为国家安全战略问题。最近发生的“棱镜”事件触动了全世界的神经，也为我国信息安全敲响了警钟。

一 “棱镜”对我国社会的影响

对公众而言，人们首先会问“我会被监视吗”“我的个人信息安全吗”等问题。在现代社会，医疗保险、民航购票、刷卡消费以及邮件、微博等生活方式使个人信息时时刻刻与外界发生着交互，许多民众开始对信息技术、网络技术产生的后果表示怀疑甚至恐慌，但也发现，抵制网络、封闭信息根本不可行。事实上，“棱镜”项目是依赖当前高度发达的网络技术来搜集海内外的相关信息，通过大数据挖掘获得有用情报。孤立地从个体来看该项目，几乎毫无意义。正如互联网搜索引擎，也会通过记忆用户使用习惯，形成搜索热词、信息排行等以进一步提升用户体验。因此，我们大可不必对社会存在的正常信息交互、信息共享以及信息分析表现出更多忧虑，甚至产生抵触情绪。当然，公民要牢固树立个人信息安全保密意识，对个人证照、账号及密码要妥善保管，在虚拟社会的言行也要遵循法律规范。

对企业而言，当代社会的企业竞争，在某种程度上就是信息竞争，企业应该在信息安全保密方面投入更大精力，以保护自身的商业秘密安全。应建立一套完善的信息安全制度，防范由于系统管理不严、员工操作不当和黑客入侵引发的安全问题。此外，企业也要注重对公众信息的保护。最近，《每日经济新闻》发表《奇虎360棱镜门》系列文章，称"360涉嫌窃取国内安全级别极高的证券金融行业用户隐私"，而360公司也紧急发布声明，称报道"虚构事实"，损害了公司名誉，将对该报社进行起诉。无论结果如何，这都提示我们，国内企业在涉及公众用户相关信息的应用方面，要更加公开透明，充分尊重用户，切不可将用户信息毫无约束地加以利用，甚至倒卖用户隐私以牟取非法利益。

对政府而言，"棱镜"事件带来的影响无疑是最大的。目前，我国金融、石油等核心领域，有大量设备来自美国公司，思科、IBM、谷歌、英特尔、苹果、甲骨文、微软等控制着我国大部分网络要道。互联网和电子信息产品没有国界，但是这些设备的厂商却是有国籍的。从技术上来说，任何电子产品都有窃取用户信息的可能。因此，我国政府在更多关注国内自主品牌研发的同时，在信息基础设施、安全体系建设等方面，应持谨慎态度，加强防范意识。

二　我国信息安全的现状及发展趋势

目前，我国的信息安全现状不容乐观，境内被控计算机数量、被篡改和植入后门网站数量都呈上升趋势。据国家互联网应急中心（CNCERT/CC）监测，2013年5月，我国大陆共有162万个IP地址对应的主机被木马或僵尸程序控制，环比增长4.3%。被控制的主机IP地址最多的地区是广东、江苏、浙江。发现境外3204个IP地址对应的主机被利用作为木马或僵尸网络控制服务器，数量较为集中的国家是美国（44%）、韩国（7.5%）。其中，位于美国的控制服务器控制了我国714344个主机IP，控制境内主机IP数量居首位。2013年5月，国家互联网应急中心监测发现，我国大陆网站被篡改的数量为9205个，较上月上升2%；被植入后门的网站数量为9535个，较上月上升10%。其中gov.cn类网站被篡改数量为670个，被植入后门的有342个。2013年5月，国家互联网应急中心收到国内外通过电子邮件、应急热线、网站提交、传真等方式报告的网络安全事件2511件（不含扫描事件，也合并了通过不同方式报告的同一网络安全事件），其中，来自国外的事件报告有66件。据美国国家漏洞数据库（NVD）网站统计，2013年5月共发现安全漏洞357个（高危漏洞150个）。据我国国家计算机网络入侵防范中心通报，其中10个高危漏洞对我国使用的主流操作系统和常用应用程序影响比较大。

目前，我国信息安全领域呈现如下发展态势：

一是信息安全事件扩展领域逐渐加大。以前在公共互联网上才会出现的安全问题，现在已经在行业网络中出现，如通信、广电、金融、电力等，呈爆发态势。

二是互联网和计算机逐渐成为传统犯罪的主要辅助工具。犯罪分子更多地借助网络进行破坏，如跨国电信诈骗犯罪，形成远比传统形态更大的扩散力、活动力和影响力，由此引发的安全问题和造成恶劣影响的安全事件不断增多。

三是网络犯罪目的转换，组织性更强，呈集团化发展态势。攻击和破坏从出于好奇、单独行为和单一目标发展为有组织、有预谋、有目的、有针对性、多样化的活动，不单纯是出于一个目的，实施一种行为，很可能是出于多种目的实施攻击行为而达到多种危害后果。

四是安全事件产生的影响不断扩大。已从局部扩散到更大范围，并产生连环效应，网络传播能力得到进一步放大，网络波及范围更大、渗透领域更广、渗透能力更强、受害对象更多。

五是解决网络引发安全问题的成本更加高昂。造成网络安全问题的原因往往是一个小病毒、小漏洞、小疏忽，而产生的安全后果和修复所耗费的成本则是以几何倍数衡量。

六是网络的“无国界性”使执法更加困难。为了逃避打击，我国很多非法网站将其主要网络设备设在境外，给我国相关部门的执法带来更大难度。

七是网络攻击者日趋普遍化。电脑和互联网的广泛普及，使青少年的计算机技能越发娴熟。随着西方黑客技术在网络上的传播与渗透，一些对自己行为缺乏自控能力的青少年很容易学到网络攻击方法，从而成为未来黑客的主体。

三　我国信息安全保密工作任重道远

如何防止其他国家、组织或个人实施针对我国的网络攻击，保护国家秘密、商业秘密、公民隐私等各类信息，已成为当前一个不容忽视、十分紧迫的重大问题，我们有许多工作要做：

一是完善相关法律法规。近年来，我国虽然出台了一系列法律法规，但操作性不强。目前要出台一部系统的信息安全法可能不现实，但必须对已出台的与信息安全有关的法律法规进行审视和完善。如规定国家采购的信息技术类产品，除了考虑性能和价格外，还应将信息安全不打折扣地纳入采购条件中。同时，对进口产品要加大检查审核和安全测评力度。现行的《政府采购法》对涉及信息安全的规定还处于空缺状态，需要进一步修改完善。

二是建立信息安全保密工作体系。事实证明，仅仅依赖技术手段或物理产品已经无法应对复杂的网络环境，唯有体系化的防护才是明智的应对之道。建立一套包括信息安全组织机构及管理体系、法律法规体系、标准规范体系、技术防范体系、服务支撑体系等在内的完整的信息安全保密工作体系，通过信息安全产品和信息安全制度的相互配合，才能保护有关信息不被“棱镜”类项目所窥视。

三是下大力气进行技术创新。只有不断提高我国的信息技术，加大技术开发研制，才能摆脱对国外信息产品的依赖，也才能提高对进口产品的检验技术，建立健全安全防范系统，减少进口信息技术产品的“后手”。

四是准确定密。斯诺登公开的一些监控内容和方式，其实是政府实施信息安全侦控的正常和普遍手段。之所以这些内容公布于众后，造成如此恶劣的影响，与信息安全手段方法不透明、不公开，给公众心理造成巨大落差不无关系。信息安全工作中“一律保密”和“全盘公开”两种极端的态度都是不可取的，往往容易产生一种密级不明、保密内容界定不清、保密标准难以规范的局面。这一方面需要负责信息安全保密的主管部门准确定密，规范标准，明晰责任；另一方面需要通过制定规范标准来细化信息安全保密的对象与内容。

五是建立“内部人”审计监控体系。建立和加强“内部人”网络行为监控与审计并进行责任认定，是网络安全建设的重点内容之一。资料显示：中国只有11%的网络注重对内部网络行为的监控与审计，而且多为制度监管，而在美国这一数值达到了23%，并多为技术监管。纵使在美国，内部防范仍做不到尽善尽美，“棱镜”事件中斯诺登能轻易复制大量涉密信息，也正说明了这个问题。完整的责任认定体系和审计监控体系对控制“内部人”风险能起到有效的防范作用，是未来安全市场发展的主流。

六是加大人才储备和保密意识养成。一方面，我们要积极培养一批有一定安全技术水平和较高管理能力的安全能手和专家；另一方面，要提高广大民众关于网络安全保密方面的意识和思想水平。能手、专家可以带领我们弥补安全漏洞，攻克安全难题，构筑安全堡垒；而拥有较高安全意识的群体则是安全水平不断提升的基石，也是净化内部环境、减少自身安全隐患的重要条件。

参考文献

于世梁：《由“棱镜”计划反思我国信息网络安全》，《湖北行政学院学报》2013 年第 5 期。

韩伟杰、王宇、阎慧：《网络空间环境下“维基揭秘”事件对信息安全保密工作的启示研究》，《保密科学技术》2013 年第 3 期。

林东岱、刘峰：《美国信息安全保密体系初探》，《保密科学技术》2012 年第 9 期。

国家互联网应急中心：《CNCERT 互联网安全威胁报告》，2013 年 5 月。

（作者：青平，本文原载于《保密工作》2013 年第 7 期）

无证书公钥加密及其在云存储中的应用研究

一　引言

密码学是保障网络空间安全的关键技术，根据密钥的特点，可以分为对称密码学和非对称密码学（即公钥密码学）。公钥密码学解决了对称密码学中密钥分发困难的问题，同时提供了能用于有效解决不可否认性问题的数字签名。

公钥密码系统下的每个用户拥有两个密钥：一个秘密密钥（即私钥），一个公开密钥（即公钥）。在实际应用中，公钥密码系统必须提供用户公钥真实性的检验方法。目前的主要方法可分为两种：一种是使用公钥证书；另一种是使用身份。传统的公钥密码体制使用公钥证书。基于身份的公钥系统（Identity - based Public Key Cryptography，IDPRC）以可以唯一标识用户的身份信息为公钥，所以不需要证书来保障用户公钥的真实性。

在传统的公钥基础设施（PKI）中，有个可信的证书中心 CA（Certificate Authority），它负责为所有用户颁发公钥证书。首先用户向 CA 提供必要的信息，包括公钥、姓名和地址等，并用私钥对这些信息进行签名后发送给 CA，CA 验证通过后给用户生成一个公钥证书。公钥证书信息包含版本号、序列号、签名算法、颁发证书的机构名称、有效期、用户姓名以及公钥等。如，当用户艾丽斯给用户鲍勃发送消息时，她首先查询鲍勃的公钥证书，并验证其有效性。X.509证书撤销列表（Certificate Revocation Lists，CRLs）、证书状态在线查询协议（Online Certificate Status Protocol，OCSP）、Novomodo技术是传统公钥系统下被广泛使用的证书有效性证明方法。

虽然使用公钥证书被公认为是互联网认证的一种较好方式，然而公钥证书管理非常复杂，包括证书的生成、传输、验证、撤销、更新等，不仅需要复杂的技术支持，而且需要很大的计算、通信和存储开销，尤其是证书撤销机制的运行和维护。为了克服这一不足，沙米尔（Shamir）于1984年提出了基于身份的公钥密码系统，其用户公钥为用户唯一的身份信息，比如IP地址和E-mail地址。当用户加密消息或验证签名时，直接使用对方的身份就能完成，而无须查询和验证公钥证书，提高了整个系统运行的效率。第一个实用的基于身份的加密方案由伯恩（Boneh）和富兰克林（Franklin）于2001年提出，从此，各种基于身份的加密和签名方案相继涌现。

在基于身份的公钥系统中，所有用户的私钥都是由一个可信的第三方——私钥生成中心（Private Key Generation Center，PKGC）利用它掌握的系统唯一的主密钥生成的。不可避免地，不诚实的PKGC可以窃听任何用户的通信，并可以伪造任何用户的签名。所以，对于使用IDPKC的用户而言，必须绝对地信任PKGC。否则，必须采取有效的方法来解决IDPKC中固有的密钥托管问题，比如分布式地存放系统主密钥，但都不是理想的方法。

无证书公钥密码体制（Certificateless Public Key Cryptography，CLPKC）的提出为克服IDPKC中的密钥托管问题提供了理想的解决方法。其概念是由萨塔（Sattam S. Al-Riyami）和肯尼思·佩特森（Kenneth G. Paterson）在亚洲密码会议（Asiacrypt）2003上

提出的。与基于 PKI 的传统公钥密码系统相比，无证书的公钥密码系统不需要管理公钥证书，与 IDPKC 相比，CLPKC 解决了密钥托管问题。可以说，无证书公钥密码系统不仅很好地结合了上述两种密码系统的优点，而且较好地克服了两者的缺点，是一种性能优良、便于应用的公钥密码系统。

无证书公钥密码系统存在一个可信的第三方——密钥生成中心（Key Generation Center，KGC），它拥有系统的主密钥。KGC 的作用是根据用户的身份和系统主密钥计算用户的部分私钥，并安全地传送给用户。用户随机选取一个秘密值，并生成自己的完整私钥。可见，KGC 无法获取任何用户的完整私钥。从而，无证书公钥密码体制有效地克服了基于身份的公钥密码体制中的密钥托管问题。

云计算作为一种新兴的网络服务模式，提供基础设施即服务（IaaS）、软件即服务（SaaS）和平台即服务（PaaS），它使信息处理变得更加方便、快捷。随着大数据时代的到来，网络用户将越来越多的数据存储到云平台上（比如百度云、Dropbox，Skydrive），而有些数据则关系到数据拥有者的个人隐私，有些数据是企业的商业机密，数据的安全性关系到企业的生存和发展，所以如何保证存放在云服务提供商的数据隐私不被非法利用，不仅需要法律层面上的进一步完善，更需要技术上的支持。屡屡出现的网络数据泄露事件正说明技术方面的缺失和存在的漏洞。

目前，云存储中用于数据机密性保护的密码学手段主要是公钥加密，具体包括代理再加密、属性基加密和可搜索加密等。在将数据上传到云之前，用户端先用公钥对数据进行加密（部分计算可以外包给云服务器），再上传密文。对于数据共享，数据创建者可以把对数据的部分管理权限委托给云服务器，使得一些用户可以访问被加密的数据，这可以通过代理再加密技术解决。代理再加密指的是用户艾丽斯可以授权给一个代理者，使代理者能够把自己的密文转化成另一个用户鲍勃可以解密的密文。代理再加密概念首先由伯勒兹（Blaze）等人提出，在经历了一段时期的发展后，阿泰尼斯（Ateniese）等人发现了它在数据存储领域的应用价值，并完善了代理再加密的定义，使其满足数据存储中对用户数据隐私保护的要求。具体而言，这类代理再加密方案必须满足：单向性、非交互性、代理不可见、原始数据人可访问、再加密密钥长度固定、抗合谋攻击。

在实际应用中，我们可以灵活方便地来搭建无证书公钥密码系统。可以在传统的 PKI 基础上部署基于身份的公钥系统，其中私钥生成中心 TTP 作为 PKI 的一个用户，其主密钥的认证由 CA 完成。对于不接受密钥托管的应用环境，可以在 IDPKC 的基础上进一步部署无证书公钥密码系统，方法是每个用户额外选取一个随机数作为另一部分私钥。这种结构非常适合混合云环境，可以更加高效地保护数据的机密性。

本文将通过无证书加密来介绍无证书公钥密码体系，通过无证书代理再加密来展示其在云存储数据机密性保护和访问控制方面的应用。

二　基础知识

1. 无证书加密的定义

一个无证书加密方案由以下七个概率多项式时间算法构成：

（1）Setup：系统设置算法。输入 1^k，输出系统主密钥 msk 和系统公共参数 params。

（2）Extract - Partial - Private - Key：提取部分私钥算法。输入 params、msk 和用户身份 ID，输出该用户的部分私钥 d_{ID}。该算法由 KGC 运行，并通过安全信道把 d_{ID}传输给用户。

（3）Set－Secret－Value：设置秘密值算法。输入 params 和用户身份 ID，输出一个秘密值 X_{ID}。

（4）Set－Private－Key：设置私钥算法。输入 params、d_{ID} 和 X_{ID}，输出该用户的私钥 SK_{ID}。

（5）Set－Public－Key：设置公钥算法。输入 params 和 X_{ID}，输出该用户的公钥 PK_{ID}。

（6）Encrypt：加密算法。输入 params、用户身份 ID、公钥 PK_{ID} 和消息 M，输出密文 C 或者错误标识⊥。

（7）Decrypt：解密算法。输入 params、用户身份 ID、私钥 SK_{ID} 和密文 C，输出消息 M 或者错误标识⊥。

2. 安全模型

本小节讨论无证书加密方案的安全性。无证书体系下用户密钥的产生方式决定了两类攻击者，分别称为第一类攻击者和第二类攻击者。其中，第一类攻击者模拟外部攻击者，能够替换任何用户的公钥；第二类攻击者模拟诚实但是好奇的 KGC。

IND－CCA2 安全性：对一个无证书加密方案来说，如果攻击者 A 在以下与挑战者（Challenger）的游戏中不能以不可忽略的优势获胜，那么我们说该方案在适应性选择密文攻击下，密文是不可区分的，即具有 IND－CCA2（indistinguishable against chosen ciphertext attacks）安全性。

游戏：

（1）（params，msk）←Challenger <Setup（1^k）>

（2）（ID*，（M0，M1））←A <oracles（params，inf）>

（3）C*←Challenger <Encrypt（Mb，ID*）>

（4）b'←Aoracles（params，inf，C*）

A 获胜当且仅当 $b' = b$ 。b 和 b' 的值为0 或1。我们定义攻击者在以上游戏中的优势为2 | Pr［$b' = b$］ -1/2 | 。如果 A 为第一类攻击者，那么 inf = φ（空集）；如果 A 为第二类攻击者，那么 inf = msk。攻击者在游戏的阶段（2）和（4）可访问如下预言器：

部分私钥询问（第一类攻击者）：攻击者提供一个用户身份 ID，挑战者运行算法 Extract - Partial - Private - Key 得到该用户的部分私钥 d_{ID}，并把 d_{ID}传输给攻击者。

私钥询问：攻击者提供一个用户身份 ID，挑战者运行算法 Set - Private - Key 得到该用户的私钥 sk_{ID}，并把 sk_{ID}传输给攻击者。

公钥询问：攻击者提供一个用户身份 ID，挑战者运行算法 Set - Public - Key 得到该用户的公钥 pk_{ID}，并把 pk_{ID} 传输给攻击者。

公钥替换：攻击者可以替换任何用户公钥。

解密询问：攻击者提供用户身份 ID 和密文 C，挑战者返回对应的明文给攻击者。

在以上游戏中，攻击者需要遵循以下约束条件：

（1）在任何时候都不能询问挑战身份 ID^* 的私钥；

（2）如果某个公钥已被替换，那么不能询问该公钥对应的私钥；

（3）对于第一类攻击者，如果用来生成挑战密文 C^* 的公钥是一个替换公钥，那么任何时候都不能询问挑战身份 ID^* 的部分私钥。

（4）对于第二类攻击者，不允许替换挑战身份 ID^* 的公钥。

三　无证书加密

1. 一个具体的方案

本节介绍一个无双线性对的无证书加密方案。一般的无证书加密方案都有复杂的双线性对运算，该方案则另辟蹊径，所有算法都没有使用到双线性对运算，节省了大量的计算资源，提高了算法的效率。同时，该方案还考虑了如何撤销用户的问题。具体构造如下：

（1）建立系统：选择两个素数 p，q，使得 $p = 2q + 1$，g 是 Z_p^* 的一个 q 阶元素，随机选取 $x \in Z_q^*$ 作为系统主密钥，计算 $y = g^x$。选取四个 hash 函数 H_1、H_2、H_3、H_4。

（2）生成部分私钥：随机选取 $r \in Z_q^*$，计算 $w_{ID} = g^r$ 和 $d_{ID} = r + xH_1(ID, w_{ID})$。输出部分私钥 (w_{ID}, d_{ID})。

（3）生成时间密钥：在时间段 T，KGC 为用户 ID 计算时间密钥。随机选取 $r' \in Z_q^*$，计算 $w_{ID,T} = g^{r'}$，$d_{ID,T} = r' + xH_2(ID, T, w_{ID,T})$。输出时间密钥 $(w_{ID,T}, d_{ID,T})$。其中 $w_{ID,T}$ 以某种方式公开发布。时间密钥通过公共信道传递给用户。

（4）生成秘密值：随机选取 $v_{ID} \in Z_q^*$ 作为秘密值。

（5）生成私钥：用户的完整私钥为 $SK_{ID} = (d_{ID}, v_{ID})$。

（6）生成公钥：用户 ID 的公钥为 $PK_{ID} = (PK_{ID,0}, PK_{ID,1}) = (g^{v_{ID}}, w_{ID})$。

（7）加密：输入用户 ID 的时间参数 T、$w_{ID,T}$、公钥和消息 M。随机选取 $\sigma \in \{0,1\}^l$，计算 $r = H_3(\sigma, M)$、$U = g^r$ 以及 $V = (\sigma \| M) \oplus H_4(PK_{ID,0}{}^r, w_{ID}{}^r y^{H_1(ID,w_{ID})r}, w_{ID,T}{}^r y^{H_2(ID,w_{ID,T},T)r})$。最后输出密文 $C = (U, V)$。

（8）解密：对于密文 (U, V)，输入用户 ID 的私钥，时间密钥 $d_{ID,T}$。首先计算 $\sigma \| M = V \oplus H_4(U^{v_{ID}}, U^{d_{ID}}, U^{d_{ID,T}})$，然后计算 $r = H_3(\sigma, M)$ 并验证等式 $g^r = U$ 是否成立：若成立，则输出明文 M；否则输出 $\perp$，表示解密失败。

2. 安全性证明

上述方案满足 IND－CCA2 安全性。以下我们只给出对第二类攻击者的详细证明，对其他类型攻击者的详细证明将在本文的扩展版本中给出。

定理1　如果存在一个第一类攻击者 A_{I}，他能以优势 ε 区分两个等长明文的密文，那么就存在一个算法 B，能以不可忽略的概率解决 CDH 问题。

定理2　如果存在一个第二类攻击者 A_{II}，他能以优势 ε 区分两个等长明文的密文，那么就存在一个算法 B，能以概率 $\varepsilon' \geqslant \frac{\varepsilon}{q_4}$ 解决 CDH 问题。其中，q_4 表示询问随机预言器 H_4 的次数。

证明：现有算法 B，其目的是解决 CDH 问题，即任意给定 $g^{a}, g^{b} \in Z_{p}$，计算 g^{ab}。B 将利用第二类攻击者来解决 CDH 问题。

首先，B 建立系统，随机选取 $x \in Z_{q}$ 作为系统主密钥，计算 $y = g^{x}$，系统公共参数为（p, q, y, H_1, H_2, H_3），并把 x 发送给攻击者 A_{II}。

然后 A_{II}开始攻击，他将做一系列如下询问，并把每个询问－回答记录到相应的列表中。A_{II}首先选取将要攻击的用户 ID^{*}。

Hash 询问：对 H_1、H_2、H_3 和 H_4 的询问，挑战者从相关的域中随机选取一个值作为回答。

秘密值询问：当 A_{II}询问某个用户 ID 的秘密值时，若 $ID \neq ID^{*}$，则 B 从 Z_{q} 中随机选取一个元素 v_{ID} 作为对该询问的回答；否则，游戏结束。

公钥询问：对于每个公钥询问（ID），若 $ID = ID^{*}$，则 B 输出公钥 $PK_{ID,0} = g^{a}$；否则，B 先从秘密值列表中找出对应的秘密值 v_{ID}，然后计算公钥 $PK_{ID,0} = g^{v_{ID}}$。

解密询问：当 A_{II}询问（$C = (U, V), ID, T$）的明文时，

（1）如果 $ID \neq ID^{*}$，则 B 运行解密算法，并输出结果；

（2）否则，B 随机选取一个 $M \in \{0,1\}^{n}$ 作为回答。

挑战：A_{II}输出两个等长的明文消息（M_0, M_1），时间 T^{*}。B 设定 $U^{*} = g^{b}$，然后随机选取 $V^{*} \in \{0,1\}^{n+l}$，输出挑战密文 $C^{*} =$

(U^*, V^*)。

A_{II}继续如前一阶段做一系列询问，除了 ID^* 的秘密值以及挑战密文的明文。

猜测：A_{II}输出 $\beta' \in \{0,1\}$。B 从 H_4 列表中随机选取一个记录 (u_0, u_1, u_2, h_4)，输出其中的第一项 u_0 作为对 CDH 问题的回答。

分析：由于 H_4 是模拟成随机预言器的，所以假如 A_{II}能以一个不可忽略的优势 ε 猜测成功，那么其必然会以不小于 ε 的优势向 H_4 询问 $(dh(g^a, g^b), u_1, u_2)$ 的 hash 值。因此，B 解决 CDH 问题的概率为 $\varepsilon' \geqslant \frac{\varepsilon}{q_4}$。

以上第一类和第二类攻击者模拟的是一般的攻击者，他们可以获取所有用户的时间密钥。此外，还需要考虑第三类攻击者 A_{re}，他们是已经被撤销的用户，试图解密自己被撤销之后收到的密文。

定理 3　如果存在一个被撤销用户攻击者 A_{re}，他能以优势 ε 区分两个等长明文的密文，那么就存在一个算法 B，能以不可忽略的概率解决 CDH 问题。

四　无证书代理再加密

1. 定义

当鲍勃想下载艾丽斯存储在云上的数据时，首先，数据创建者艾丽斯生成一个代理密钥发送给云服务器；其次，云服务器利用其获得的代理密钥对艾丽斯的密文数据再加一次密，生成新的密文；最后，鲍勃下载新密文并用自己的私钥解密，获取明文数据。

下面的算法构成一个无证书代理再加密方案：

（1）系统初始化：输入安全参数 k，输出一个随机的主密钥 mk 和公开参数 $params$。

（2）部分私钥提取：输入系统公共参数 $params$、用户 A 的身份 ID_A 和系统主密钥 mk，输出用户的部分私钥 d_A。

（3）设定秘密值：输入系统公共参数 $params$、用户 A 的身份 ID_A，输出一个随机的供用户 A 使用的秘密值 x_A。

（4）私钥提取：输入系统公共参数 $params$、用户 A 的部分私钥 d_A 和用户 A 的秘密值 x_A，输出用户 A 的私钥 sk_A。

（5）公钥提取：输入系统公共参数 $params$ 和用户 A 的秘密值 $\mathrm{x_A}$，输出用户 A 对应的公钥 pk_A。

（6）加密：输入系统公共参数 $params$、待加密的明文 m 接收方用户的身份 ID_A 和该身份对应的公钥 pk_A，输出一个加密后的密文 C_A 或错误标识⊥。

（7）再加密密钥提取：输入系统公共参数 $params$、用户 A 的身份 ID_A、用户 A 对应的公私钥对（pk_A，sk_A）、用户 B 的身份 ID_B 和用户 B 的公钥 pk_B，输出一个单向的用于将发送给 A 的密文转化为发送给 B 的密文的重加密密钥 $rk_{A\rightarrow \mathrm{B}}$。

（8）再加密：输入系统公共参数 $params$、重加密密钥 $rk_{A\rightarrow \mathrm{B}}$ 和用 A 的公钥加密的密文 C_A，输出一个用 B 的公钥加密的密文 C_B 或错误标识⊥。

（9）解密 1：输入系统公共参数 $params$、一个发送给身份为 ID_A 的用户的密文 C_A 和该用户的私钥 sk_A，输出一个解密后的明文 m 或错误标识⊥。

（10）解密 2：输入系统公共参数 $params$、一个发送给身份为 ID_B 的用户的密文 C_B 和该用户的私钥 sk_B，输出一个解密后的明文 m 或错误标识⊥。

对由私钥提取算法产生的密钥 sk_A 和再加密密钥提取算法产生的再加密密钥 $rk_{A\rightarrow \mathrm{B}}$ 以及明文空间中的任意消息 m，有：

解密1（$params$，sk_A，加密（m，$params$，ID_A，pk_A））$=m$；

解密2（$params$，sk_B，再加密（$params$，$rk_{A\to B}$，C_A））$=m$。

2. **安全模型**

一般地，无证书代理再加密的安全性考虑两类攻击者（第一类攻击者和第二类攻击者），具体通过挑战者和攻击者之间的游戏来定义。

第一类攻击者 A_I 和挑战者 C 之间的游戏如下：

· 初始阶段：挑战者输入安全参数 k，运行系统初始化算法，得到系统的主密钥 mk 和公开参数 $params$，并将系统的公开参数 $params$ 返回给攻击者 A_I。

· 询问阶段1：攻击者 A_I 可以作如下询问：

– 部分私钥提取询问：攻击者 A_I 选择用户身份 ID_i，挑战者运行部分私钥提取算法得到用户的部分私钥 d_{ID_i} 并返回给攻击者。

– 私钥提取询问：攻击者 A_I 选择用户身份 ID_i，如果用户 ID_i 的公钥还未被替换，挑战者运行私钥提取算法得到用户的私钥 sk_{ID_i} 并返回给攻击者；如果用户 ID_i 的公钥被替换了，挑战者可以不做回答。

– 公钥提取询问：攻击者 A_I 选择用户身份 ID_i，挑战者运行公钥提取算法得到用户的公钥 pk_{ID_i} 并返回给攻击者。

– 替换公钥询问：攻击者 A_I 选择用户身份 ID_i，并且可以多次将用户 ID_i 的公钥 pk_{ID_i} 替换为任意选择的值。

– 再加密密钥提取询问：攻击者 A_I 选择用户身份 ID_i、ID_j，挑战者运行再加密密钥提取算法得到再加密密钥 $rk_{i\to j}$ 并返回给攻击者。

– 再加密询问：攻击者 A_I 选择用户身份 ID_i、ID_j 和用用户 ID_i 公钥加密的密文 C_{ID_i}，挑战者运行再加密算法和再加密密钥提取算法将密文转化为用用户 ID_j 公钥加密的密文 C_{ID_j}，返回给攻击者。

-解密询问：攻击者 A_I选择用户身份 ID_i和使用该用户公钥加密的密文 C_{ID_i}，挑战者运行解密算法 Decrypt 得到解密后的明文 m 返回给攻击者，即使用户的公钥被替换，挑战者也被强行要求返回正确的明文。

· 挑战阶段：攻击者 A_I结束询问阶段 1 后，选择明文空间中两个等长度的明文 m_0、m_1和挑战身份 ID^*，其中 A_I不能询问 ID^*的私钥，也不能将用 ID^*公钥加密的密文转换成用 A_I掌握私钥的用户的公钥加密的密文。挑战者 C 随机挑选 b，运行加密算法计算明文 m_b，用 ID^*公钥 $pk_{ID}{}^*$加密的密文 C^*（挑战密文），并返回给攻击者。

· 询问阶段 2：攻击者 A_I可以继续适应性地做如下询问若干次：

-解密询问：攻击者 A_I选择用户身份 ID_i和使用该用户公钥加密的密文 C_{ID_i}，如果该身份密文对不是一对衍生密文对，挑战者执行和阶段 1 中相同的操作。

-部分私钥提取询问：攻击者 A_I选择用户身份 ID_i，如果 A_I没有对 ID_i进行过公钥替换询问并且（ID_i，C_{ID_i}）不是一对衍生密文对，挑战者执行和阶段 1 中相同的操作。

-私钥提取询问：攻击者 A_I选择用户身份 ID_i，如果 $ID_i \neq ID*$并且（ID_i，C_{ID_i}）不是一对衍生密文对，挑战者执行和阶段 1 中相同的操作。

-公钥提取询问：攻击者 A_I选择用户身份 ID_i，挑战者执行和阶段 1 中相同的操作。

-替换公钥询问：攻击者 A_I选择用户身份 ID_i，挑战者执行和阶段 1 中相同的操作。

-再加密密钥提取询问：攻击者 A_I选择用户身份 ID_i、ID_j，如果 $ID_i \neq ID*$或者 A_I没有进行过 ID_j的私钥提取询问，挑战者执行和阶段 1 中相同的操作。

-再加密询问：攻击者 A_I 选择用户身份 ID_i、ID_j 和用用户 ID_i 公钥加密的密文 C_{ID_i}，如果 A_I 没有进行过 ID_j 的私钥提取询问或者（ID_i，C_{ID_i}）不是一对衍生密文对，挑战者执行和阶段 1 中相同的操作。

· 猜测阶段：A_I 输出一比特 b'，如果 $b'=b$，A_I 获胜。

A_I 获胜的优势定义为：$\mathrm{Adv}(A_I) = |\Pr[b'=b]-1/2|$。

如果对任意的多项式时间 t 的攻击者 A_I，有 $\mathrm{Adv}(A_I) \leqslant \varepsilon$，那么称一个无证书代理再加密系统（CL-PRE）对第一类攻击者 A_I 是（t，ε）适应性选择密文安全的。

第二类攻击者 A_{II} 掌握系统主密钥，他能够计算出所有用户的部分私钥，和挑战者 C 之间的游戏类似于第一类攻击者，可以进行私钥询问、公钥询问、再加密密钥询问、再加密询问和解密询问，这里不再详细描述。

如果对任意的多项式时间 t 的攻击者 A_{II}，有 $\mathrm{Adv}(A_{II}) \leqslant \varepsilon$，那么我们称一个 CL-PRE 方案对第二类攻击者 A_{II} 是（t，ε）适应性选择密文安全的。

3. 一个具体的构造

我们构造了一个比现有方案更高效的无证书代理再加密方案，适用于对云端数据的共享。具体算法如下：

（1）系统初始化：设 G_1 和 G_2 是阶都为素数 p 的乘法循环群，g 是 G_1 的一个生成元，$\hat{e}:G_1 \times G_1 \rightarrow G_2$ 是一个双线性对，H_1、H_2、H_3 和 H_4 是四个 hash 函数，其中 $H_1:\{0,1\}^* \rightarrow G_1$，$H_2:\{0,1\}^* \rightarrow \{0,1\}^n$，$H_3:\{0,1\}^* \rightarrow G_1$ 和 $H_4:\{0,1\}^* \rightarrow G_1$，这里 n 表示 DEM 的密钥长度。随机选择 $s \in Z_q^*$ 作为 KGC 的私钥，并计算其公钥 $y = g^s$，则系统的公共参数为 $params = \{G_1, G_2, p, g, \hat{e}, H_1, H_2, H_3, H_4, n, y\}$。

（2）部分私钥提取：输入一个用户身份 ID_A，KGC 计算 $g_A = H_1(ID_A)$，再用自己的私钥 s 计算该用户的部分私钥 $D_A = g_A^s$。

（3）设定秘密值：用户 A 随机选择 $x_A \in Z_p^*$ 作为其秘密值。

（4）私钥提取：该用户的完整私钥为（D_A, x_A）。

（5）公钥提取：输入系统公共参数 *params* 和用户 A 的秘密值 x_A，计算其公钥 $PK_A = g^{x_A}$。

（6）加密：输入系统公共参数 *params*、待加密的明文 m，用户身份 ID_A和该身份对应的公钥 PK_A，随机选择 $r \in Z_p^*$，计算 $u = g^r$，$v_1 = k_1 \cdot e(g_A, y)^r$，$v_2 = k_2 \cdot pk_A{}^r$ 以及 $v_3 = m \oplus H_2(k_1, k_2)$，输出密文 C_A（m）=（u, v_1, v_2, v_3）。

（7）再加密密钥提取：输入系统公共参数 *params*、用户 A 的私钥（D_A, x_A）、用户 B 的公钥，随机选择 $t \in Z_p^*$ 和 $x \in \{0,1\}^l$，计算 $rk_0 = g^{-rx_A} \cdot H_3(x)$，$rk_1 = D_A^{-1} \cdot H_0(x)^t$，$rk_{21} = C_B(x)$ 以及 $rk_3 = u^t$。输出代理密钥 $rk_{A \to B} = (rk_0, rk_1, rk_2, rk_3)$。

（8）再加密：输入系统公共参数 *params*、重加密密钥 $rk_{A \to B}$和用 A 的公钥加密的密文 C_A（m），计算 $C_1 = rk_2$，$C_2 = rk_3$，$C_3 = v_1 \cdot e(rk_1, u)$，$C_4 = v_2 \cdot rk_0$，以及 $C_5 = v_3$，输出代理加密密文 $C_{A \to B}(m) = (C_1, C_2, C_3, C_4, C_5)$。

（9）解密 1：输入系统公共参数 *params*、用户 A 的密文 $CA(m) = (u, v_1, v_2, v_3)$和私钥（$D_A, x_A$），计算 $k_1 = \dfrac{v_1}{e(D_A, u)}$，$k_2 = \dfrac{v_2}{u^{x_A}}$ 以及 $m = v_3 \oplus H_2(k_1, k_2)$。输出明文消息 m。

（10）解密 2：输入系统公共参数 *params*、B 的密文 $C_{A \to B}(m)$ 和私钥（D_B, x_B），首先 B 用解密算法 1 计算 $x = Decrypt1(C_1)$。再计算 $k_1 = \dfrac{C_3}{e(H_0(x), C_2)}$，$k_2 = \dfrac{C_4}{H_3(x)}$ 以及 $m = v_5 \oplus H_2(k_1, k_2)$。输出明文消息 m。

五　结论

无证书公钥密码体制经过十几年的研究，已经取得了很多有意义的研究成果，具备了一定的从理论到实践的基础。本文详细介绍了无证书加密的定义、方案和安全性证明，并针对目前云存储中的数据机密性保护和访问控制等热点问题，以具体的无证书代理再加密方案，指出无证书公钥密码体制被应用于云存储环境时所体现出来的优势，为保护云数据安全提供了新方法。

参考文献

W. Diffie, M. E. Hellman, New directions in cryptography. *IEEE Transactions on Information Theory*, Vol. IT – 22, pp. 644 - 654, 1976.

M. Myers, R. Ankney, A. alpani, S. Galperin, C. Adams, X. 509 Internet Public Key Infrastructure: Online Certificate Status Protocol (OCSP), RFC 2560.

S. Micali, Novomodo: Scalable certificate validation and simplified PKI management. In PKI Research Workshop, 2002.

AdiShamir, Identity – based cryptosystems and signature schemes. In CRYPTO 1984, LNCS, pp. 47 – 53, 1984.

D. Boneh and M. K. Franklin, Identity – based encryption from the Weil pairing. In CRYPTO 2001, pp. 213 – 229, 2001.

B. Waters, Efficient identity – based encryption without random oracles. In EUROCRYPT 2005, LNCS 3494, pp. 114 – 127, 2005.

C. Gentry, A Silverberg, Hierarchical ID – based cryptography. In ASIACRYPT 2002, LNCS 2501, pp. 548 – 566, 2002.

F. Hess, Efficient identity based signature schemes based on pairings. In the 9th Annual International Workshop on Selected Areas in Cryptology – SAC 2002, LNCS 2595, pp. 310 – 324, 2002.

K. G. Paterson, ID – based signatures from pairings on elliptic curves. *IEEElectronics Letters* 2002, 38 (18): 1025 - 1026, 2002.

M. Bellare, C. Namprempre, G. Neven, Security proofs for identity – based identification and signature schemes. In EUROCRYPT 2004, LNCS 3027, pp. 268 – 286, 2004.

David Galindo and Flavio D Garcia, ASchnorr – like lightweight identity – based signature scheme. In AFRICACRYPT 2009, LNCS 5580, pp. 135 – 148, 2009.

D. Boneh, X. Boyen, Efficient selective – ID secure identity – based encryption without random oracles. In EUROCRYPT 2004. LNCS 3027, pp. 223 – 238, 2004.

S. S. Al – Riyami, K. G. Paterson, Certificateless public key cryptography. ASIACRYPT 2003, LNCS 2894, pp. 452 – 473, 2003.

M. Blaze, G. Bleumer and M. Strauss, Divertible protocols and atomic proxy cryptography. Proc. Eurocrypt 1998, LNCS 1403, pp. 127 – 144, 1998.

J. Weng, R. H. Deng, X. Ding, et al, Conditional proxy re – encryption secure against chosen – ciphertext attack. Proc. AsiaCCS 2009, pp. 322 – 332, 2009.

L. Fang, W. Susilo, C. Ge, et al, Hierarchical conditional proxy re – encryption. *Computer Standards & Interfaces*, 34 (4): 380 – 389, 2012.

G. Ateniese, K. Fu, M. Green, et al, Improved proxy re – encryption schemes with applications to secure distributed storage. *ACM Transactions on Information and System Security*, 9 (1): 1 – 30, 2006.

B. Libert and J. J. Quisquater, On constructing certificateless cryptosystems from identity based encryption. Proc. PKC 2006, LNCS 3958, pp. 474 – 490, 2006.

D. Yum and P. Lee, Generic construction of certificateless encryption. Proc. ICCSA 2004, LNCS 3043, pp. 802 – 811, 2004.

Y. Sun, F. Zhang and J. Baek, Strongly secure certificateless public key encryption without pairing. Proc. CANS 2007, LNCS 4856, pp. 194 – 208, 2007.

A. W. Dent, A survey of certificateless encryption schemes and security models. *International journal of information security*, 7 (5): 349 – 377, 2008.

S. S. M Chow, C. Boyd and J. M. G Nieto. Security – mediated certificateless cryptography. Proc. PKC 2006, LNCS 3958, pp. 508 – 524, 2006.

X. Wu, L. Xu and X. Zhang, POSTER: A certificateless proxy re – encryption scheme for cloud – based data sharing. Proc. CCS 2011, October 17 – 21, Chicago, Illinois, USA, ACM, 2011.

L. Xu, X. Wu and X. Zhang, CL – PRE: a certificateless proxy re – encryption scheme for secure data sharing with public cloud. Proc. ASIACCS 2012, pp. 87 – 88, ACM, 2012.

（作者：孙银霞）

个人信息保护

这部分内容整理了有关个人信息保护方面的研究成果，共收集了四篇文章:《我国个人信息法律保护现状及完善路径》《电子商务中消费者权益保护问题研究》《浅析公共视频监控与隐私保护的关系》《基于事务分类的安全模型》。

第一篇文章认为，信息时代的个人信息保护既是一个需要高度重视的社会问题，又是一个迫切需要解决的法律问题。要妥善解决好侵害个人信息的问题，应从法学基础理论入手，论证完善个人信息法律保护的必要性；同时从工作实务出发，考察具有代表性的刑事司法实践，找出存在的主要问题，并系统地分析相关原因，构建完善个人信息法律保护的路径。第二篇文章介绍了电子商务中的消费者权益保护现状及存在的主要问题，研究了我国电子商务中消费者权益保护的法律框架，分析了我国电子商务中消费者权益保护存在的问题，并提出完善的思路。第三篇文章结合公共场所视频监控建设实践，从公共场所的界定入手，分析公共视频监控与隐私保护的关系，并从监控建设的角度，提出了一些解决措施。第四篇文章采用秘密分享的思想构造了一种既可以保证用户数据的私密性又可以保证系统安全的基于事务分类的安全模型。

我国个人信息法律保护现状及完善路径

一　引言：信息时代的个人信息危机

1. 个人信息被侵害的现状

随着信息技术的飞速发展，社会对信息的依赖性越来越强，信息应用已逐步渗透到人们日常生活的各个方面。我们在享受信息技术所带来的方便、快捷时，个人信息也被大量收集和利用，由此衍生出来的个人信息安全问题也日益突出，滥用个人信息的各种侵权行为也随之频繁发生。《中国青年报》社会调查中心2008年的一项调查显示，88.8%的受访者曾因个人信息泄露而受到侵扰。中国社会科学院发布的《法治蓝皮书：中国法治发展报告》（2009年卷）指出，随着信息处理和存储技术的不断发展，我国的个人信息泄露事件层出不穷，愈演愈烈，兜售房主、股民、商务人士、车主、电信用户、患者等群体的信息已经形成了一个新兴产业。中央电视台也在2009年和2010年的“3·15”晚会上揭露了移动公司员工泄露个人信息案件。目前，这一现象非但没有得到有效遏止，反而愈演愈烈。2011年12月，以程序员网站CSDN、天涯社区、美团网等数据库遭黑客攻击为代表，网络个人信息泄露事件集中爆发，上亿用户的注册信息被公之于众。其中，广东省出入境政务服务网泄露了包括真实姓名、护照号码等信息在内的约400万用户资料。[1] 中国互联网络信息中心发布的《2012年中国网民信息安全状况研究报告》显示，84.8%的网民遇到过信息安全事件，造成的直接经济损失近200亿元。

2. 个人信息被侵害的危害

一是对个人的伤害。首先，侵害了公民的人身权利。每个公民对自己的个人信息都享有支配、控制并排除他人侵害的权利。公民个人信息被不当采集、随意泄露、任意篡改、恶意使用乃至非法转卖牟利，是对公民人身权益的严重侵害。由于许多个人信息，如生理缺陷、家庭住址和工作单位等是不能或者不易改变的，此类信息一旦泄露，往往是事后难以弥补和救济的，这将给公民日常生活带来长久隐患。其次，影响了公民的正常生活。因个人信息被泄露而引起的频繁骚扰电话和垃圾短信让人不胜其烦。我们都有过这样的经历：购买新房后的装修电话络绎不绝；刚生过小孩就被推销母婴用品的电话包围；刚报名参加考试就有辅导班的推销短信；低级下流的短信也让你防不胜防。这些骚扰不分时间和地点地轰炸，严重影响人们的正常生活和工作。最后，有可能引发针对信息主人的犯罪。一旦个人信息流入犯罪分子手中就可能成为其他犯罪的源头，进而引发盗窃、诈骗、绑架、敲诈勒索、故意杀人等刑事犯罪，给公民造成二次甚至三次侵害。如在北京通信员工出售、非法提供公民个人信息案中，行为人出售的公民信息就被他人用于犯罪活动，最终导致被害人被杀害于家门口。

二是对整个社会的危害。信息社会是建立在对信息资源进行合理使用和有序流通的基础之上的，个人信息资源的合理利用和流通是建立诚信社会的根本，也是市场经济健康发展的前提和基

① http：//bbs. huanqiu. com/thread－1382783－1－1. html.

础。如果个人信息被肆意侵害，就会使社会诚信缺失、危机蔓延，人们彼此之间无法产生信任，信息资源就不能自由流动，会极大地增加社会交易和个人交际的成本，阻碍经济的健康发展，影响社会的进步。同时，利用非法获取的个人信息实施违法犯罪，将严重侵犯公民的合法权利，引起人们的恐慌，引发社会安全心理的溃堤，并威胁到经济秩序、社会管理秩序和公共安全，进而危及整个社会的稳定。因此，公民个人信息保护已成为迫切需要解决的社会问题。

二 理论的辨析：个人信息保护的法律应对

1. 个人信息的界定

关于什么是个人信息，我国目前还没有统一的概念。欧盟各国基本都采用了欧盟 1995 年指令中的定义，即个人数据是指任何与已经确认的或可以确认的自然人有关的信息。美国的《隐私权法》定义为：有关个人情况的单项、集合或组合，包括但不限于其教育背景、金融交易、医疗病史、犯罪前科、工作履历及其姓名、身份证号码、代号或其他属于该个人的身份标记，如指纹、声纹或照片。我国学者齐爱民认为：个人信息是指自然人的姓名、出生年月日、身份证号码、户籍、遗传特征、指纹、婚姻、家庭、教育、职业、健康、病历、财务状况、社会活动及其他可以识别该个人的信息。2013 年 2 月 1 日，我国首个有关个人信息保护的国家标准《信息安全技术公共及商用服务信息系统个人信息保护指南》正式出台，该指南对个人信息进行了定义：可为信息系统所处理、与特定自然人相关、能够单独或通过与其他信息结合识别该特定自然人的计算机数据。个人信息可以分为个人敏感信息和个人一般信息。该定义特指信息时代所产生的个人的数字化信息，而非传统意义上的个人信息[①]。

应当指出的是，虽然上述各定义名称、给出定义方式以及具体内容表达都不尽相同，其包含的个人信息范围之宽窄亦有差异，但是其核心内容是一致的，即个人信息就是一切能够直接或者间接识别特定个人的所有信息。其包含的内容非常广泛：既包括能够直接识别特定个人的信息，如身份证号、肖像、DNA、指纹等；也包括可间接识别特定个人的信息，如性别、身高、特长、籍贯等。这些信息包括了一个人的生理、心理、生活、工作、家庭等各个方面。同时，个人信息会随着社会的进步、科技的发展和个人年龄的增长，其内容也在不断发展变化，是无法穷尽的，不能对其一一列举。所以对其下定义也应是开放性和概括性的：个人信息就是能够确认特定自然人的相关信息。

在此有必要分清个人信息和隐私的关系。学者们对于两者的关系众说纷纭：有相等说，有交叉说，也有包含说。笔者认为要弄清二者的关系就要从定义出发，找出异同点。按照我国著名民法学者梁彗星的观点，隐私是指自然人不愿意公开的个人事务、个人信息或个人领域。其基本特征表现为在客观方面，隐私的内容从根本上属于特定个人单方面即可作为的事务、单方面即可操纵的信息或单方面即可控制的领域；在主观方面特定的个人对其内容具有秘而不宣、不希望社会或他人知晓的愿望。据此可以看出，隐私是个人信息中与个人尊严有直接关系的信息，一经披露或为他人知悉，就会

---

① 如：刚出台的《信息安全技术公共及商用服务信息系统个人信息保护指南》就是我国首个个人信息保护的国家标准，它提出了个人信息保护的原则，规范了对个人信息的收集、加工、转移和删除的行为要求。这个标准为行业开展自律工作提供了参考，为企业处理个人信息制定了行为准则，为个人信息保护立法积累经验。再如：《中国互联网行业自律公约》是中国互联网行业的第一部自律公约。其中第八条承诺“自觉维护消费者的合法权益，保守用户信息秘密；不利用用户提供的信息从事任何与向用户做出的承诺无关的活动，不利用技术或其他优势侵犯消费者或用户的合法权益”。其作用也是不可忽视的。

对主体的尊严、社会评价或精神造成消极影响，因此需要保密，未经允许不得擅自收集、披露和利用。事实上，个人信息可分为两类，一类是与人的尊严有直接关系的，也就是我们平常所说的隐私，未经允许不能擅自披露；另一类是与人的尊严没有直接关系的，可以披露，甚至能被正常地利用，但是不能滥用。

2. 个人信息的法律保护

在生活中，如果人人都能自律，就不需要法律的监管。但事实并非如此。在各种利益驱动下，个人信息被频繁泄露、滥用并影响到社会的安全和稳定时，运用法律之手对个人信息进行保护是政府不可推卸的责任。据不完全统计，世界上制定个人信息保护法律的国家和地区已经超过了50个。

对于个人信息的保护问题，当今世界大致可分为两种模式：一种是以美国为代表的行业自律与单行立法相结合的美国模式，另一种是以欧洲国家为代表的立法综合规制的欧盟模式。美国作为隐私权起步较早和电子商务最发达的国家，十分重视对个人信息的保护，其模式继续秉承英美法系的传统，对个人信息保护的法律散见于各个领域。在公领域，以隐私权作为宪法和行政法的基础，采取分散立法模式，逐一立法。在私领域，美国依靠自律机制（包括企业的行为准则、民间“认证制度”以及替代争议解决机制）实现对个人信息的保护，根据个人信息的具体内容，由相应的监管部门监管。欧盟模式又可以称为统一立法模式，其继承了大陆法系的立法传统，以德国为典型代表，即由国家立法部门制定一部综合性的个人信息保护法来规范个人信息的收集、处理和利用，该法统一适用于公共部门和非公共部门，并设置一个综合监管部门集中监管。这两种立法模式都受其本国的立法传统影响，各有利弊：欧盟模式有利于个人信息得到全面的、一体的保护，缺陷是可能会阻碍个人信息的正常流通，束缚企业的自由发展；美国模式有利于在有限保护个人信息的前提下充分促进信息的自由流通，但是，放任的企业自律模式也可能会导致部分企业不择手段地规避个人信息保护的政策，侵害个人信息权。

在我国，据统计，目前有近 40 部法律、30 余部法规，以及近 200 部规章涉及个人信息保护，其中包括我国《宪法》《刑法》《民法通则》《律师法》《商业银行法》《邮政法》《执业医师法》《护士条例》《关于加强网络信息保护的决定》等。这么多的法律、法规和部门规章都直接或间接地涉及个人信息的保护，但现实中，侵害个人信息的行为却是有增无减，愈演愈烈。在 2011 年底《中国青年报》所做的社会调查中，有七成受访者在个人信息遭泄后，选择了忍耐；只有三成受访者会以要求相关网站删除自己的信息、查询谁是泄露者或者举报等方式，做微弱的抵抗。而这一比例，在 2013 年 4 月新华网披露的工信部科学技术情报研究所的调查结果中，降为一成，首要原因是"调查取证困难"。[①] 目前，个人信息被滥用时，仅有 4% 左右的公众进行过投诉或提起过诉讼，而滥用别人信息的责任人被追究刑事责任的就更少了。

出现上述局面，客观上讲，是因为我国缺乏保护个人信息的传统，对个人信息保护的重要意义缺乏正确认识，法律对个人信息保护多采用有限的、间接的保护措施。具体地讲，我国现有立法的不足有：

首先，缺乏统一立法，不具有可操作性。目前我国没有统一的《个人信息保护法》，个人信息的保护散见于《宪法》《刑法》《民法》和一些部门规章中，尚未形成完整的个人信息安全的法律保护体系。这些法律和法规大都没有直接承认个人信息权，对个人信息安全的保护范围仅限于个人隐私这类敏感的个人信息，

① http：//zqb. cyol. com/html/2012. 4. 17/nw. D110000zgqnb _ 2012. 4. 17 _ 3 - 05. htm.

而且并没有为隐私权提供独立的保护，而是纳入名誉权，在对公民名誉权保护的同时，间接地保护公民隐私权，缺乏可以实施的具体性规范。且宪法没有个人信息权的规定，导致了这些法律和法规之间立法目的不统一，内容较为分散，相互间缺乏协调配合，缺乏可操作性，对社会上普遍的侵害个人信息的情况往往无能为力。虽然，《护照法》《身份证法》、2009 年《刑法修正案（七）》、2010 年的《侵权责任法》、2012 年 12 月 28 日第十一届全国人大常委会通过的《关于加强网络信息保护的决定》中对于个人信息的保护有直接规定，但这是个别现象，很难实现预期目标。

其次，立法内容片面，对“源头信息”持有者的规范不够。现有的立法对个人信息的保护无论在深度上还是广度上都远远不能满足社会的实际需要。分析现有的可适用保护个人信息的规范，发现其侧重点往往集中在对直接侵害人的打击上，忽视对“源头信息”持有者的规范和管理。[①]“源头信息”持有者一般是政府机关、医院、通信商和网站等单位，法律只是泛泛地规定了他们有为个人信息保密的义务，但对违反了该规定怎么办，却缺乏有针对性的和可操作性的规定。事实上，正是因为对“源头信息”持有者的管理不善或内部违法行为才造成个人信息被侵害，从某种意义上讲，他们是各类侵害个人信息案件的元凶。如手机话单只有通信商才能提供，无论直接侵害人用什么样的手段获得话单，通信商都是逃脱不了干系的。

---

① 最近刚出台的《关于加强网络信息保护的决定》，显然注意到这方面的问题了，该决定全文共 12 条，其中有 10 条都是针对网络服务提供者、其他企业事业单位及其工作人员和相关组织的，明确了他们的义务与责任，并对政府有关部门的监管职责等做出了明确规定。显然该规定的制定者是有意在弥补以前缺少对源头信息规制的问题，这是一个很大的进步，但该规定的作用还是十分有限的，仅仅 12 条的内容，太原则了！具体的问题还要重新制定相关法律法规、规章来解决。

最后，现有的诉讼制度对受害人的保护不力，受害人维权难度大。现有的诉讼制度没有及时更新，设置不合理，不能应对信息社会的法律需求，无法给受害人足够的救济。现有的举证制度是“谁主张，谁举证”，这使得受害人在诉讼中负举证责任，但面对高科技的网络、移动通信技术，受害人很难知道自己的信息是在什么时间、地点，以什么方式、被谁泄露的，更不要说举证了。所以，受害人想要起诉他人泄露自己个人信息的难度非常大、成本非常高。此外，缺乏民事补偿机制。现行法律规定个人信息受到侵害后，责任主体承担法律责任的范围多限于行政责任和刑事责任，导致受害人的财产及非财产损失得不到任何实质性的补偿。这样不利于对受害人的救济，也挫伤了受害人起诉维权的积极性。

3.《刑法》保护个人信息的理论基础

目前，学术界对动用民事法和行政法来保护个人信息没有争议，但由于《刑法》的严厉性和谦抑性，学者们对要不要动用刑事法来保护个人信息却有很大的争议。“我们在确定某一危害行为是否应当规定为犯罪并予以刑罚处罚时，一方面应当确认该行为具有相当程度的社会危害性；另一方面又应当确认，作为该行为的法律反应，刑罚具有无可避免性”。对此，本文略加分析。

一是对个人信息，刑事法保护的必然性。首先，从理论上讲，严重的社会危害性是犯罪最本质的特征，行为不具有严重社会危害性的，《刑法》不可能也不应该将其纳入犯罪之列，某种事物之所以值得刑事法律加以保护，必然是其承载了重要的利益。个人信息是个人身份权、人格权乃至财产权的综合载体，其承载了重要的人身权益，涉及公民的人身自由、人格尊严、生活安宁、财产的安全，甚至生命安全，是人权最为基本的组成部分。现代法律越来越重视对人权的保护，因此个人信息权理应成为法律所保护的最重要客体之一。同时，保护个人信息也是维护公共利益、加强社会管理所必需的，体现出社会公共秩序利益的属性。“《刑法》保护社会关系中最具有公共性和重要性的利益”。因此，侵犯公民个人信息就涉及公民的基本人权，影响到社会公共秩序，个人信息理应成为《刑法》调整和重点保护的对象，《刑法》将这类侵犯行为予以犯罪化乃实至名归。其次，刑罚是社会制裁体系中的最后一道防线，只有在道德制裁、纪律制裁、民事制裁、行政制裁等调控失效的情况下才可以考虑动用刑罚。在现代社会中个人信息的商业价值日渐提升之际，传统的道德和纪律对侵犯个人信息行为规制、调整作用十分有限。而民事制裁措施一般都是回复性、补偿性的，对侵害人的处罚力度不够，同时传统的补偿措施对受害人来说意义不大。行政制裁措施虽然在刚性和严厉性上比民事制裁有所提高，但是其调整范围主要局限在行政关系领域，作用和影响大受限制，对许多的侵害行为有“鞭长莫及”之感。所以，无论道德制裁、纪律制裁，还是民事制裁和行政制裁，都不能有效地、经济地对侵犯个人信息的行为进行调控。在侵害行为日益猖獗的今天，在其他道德和法律手段难以遏制这种现象的滋生和蔓延时，只有通过《刑法》这种最严厉的保障手段才能有效地对个人信息权进行保护，作为“最后保障法”的《刑法》介入个人信息保护领域就成为顺理成章的事情。再次，社会现实需要《刑法》的保护。在资讯高度发达的信息社会，人们离开各种通信工具，正常生活将难以为继；频繁地与外界交往，个人信息经常遭遇泄露。这些已成为现代社会的共同烦恼。据《人民日报》与“人民网”联合调查发现，个人信息受侵害情况已呈蔓延之势，90% 的网友表示曾亲身遭遇个人信息被泄露，有 94% 的网友认为当前社会个人信息泄露问题非常严重，有 79.8% 的网友表示对自己的个人信息泄露非常愤怒和无奈，而 64.73% 的网友表示在遇到自己的电话号码、住址等资料被公开时，将坚决拒绝接待骚扰者，16% 的网友表示对其敷衍应付，15%的网友表示会追问那些人的信息来源，但常常没有结果。泄露个人信息等不法行为的泛滥将严重影响信息产业的发展，影响到社会安全、稳定和发展，《刑法》将严重的侵害行为纳入评价范围并无不妥。最后，《刑法》调整侵害个人信息的行为，不会违反《刑法》的谦抑性原则。“《刑法》是一种不得已的恶。用之得当，个人与社会两受其益；用之不当，个人与社会两受其害。因此，对于《刑法》之可能的扩张和滥用，必须保持足够的警惕”。因此在法律制度的设计中，《刑法》是作为整个法律规范体系有效性的最后保障而存在，在其他法律部门力度不够时作为补充而发挥作用，这就是《刑法》谦抑性的内涵。在谦抑性的精神指导下，《刑法》设定了罪刑相适应、罪刑法定等基本原则，为防止滥用装上安全阀。因此，只要《刑法》对犯罪行为对象进行合理限制、对犯罪行为方式进行清晰界定、对犯罪行为情节明确阐释，侦查措施使用得当，就会准确有效地打击犯罪行为，防止滥用刑罚，保护个人信息正常、有序地流动。实践中，世界上许多国家和地区都对侵害个人信息的行为予以刑事制裁，如美、英、法、德、意大利等国及我国台湾、香港地区均具有相应的规定。

二是我国个人信息保护刑事立法的评析。2009 年 2 月，第十一届全国人大常委会通过的《刑法修正案（七）》第七条对《刑法》第二百五十三条做了补充修正，其规定：“国家机关或者金融、电信、交通、教育、医疗等单位的工作人员，违反国家规定，将本单位在履行职责或者提供服务过程中获得的公民个人信息，出售或者非法提供给他人。情节严重的，处三年以下有期徒刑或者拘役，并处或者单处罚金；窃取或者以其他方法非法获取上述信息，情节严重的，依照前款的规定处罚；单位犯前两款罪的，对单位判处罚金，并对其直接负责的主管人员和其他直接责任人员，依照各该款的规定处罚。”这是我国目前为止唯一直接规定保护个人信息的刑事法律规范。此修正案一出，引起了社会的极大反响，批评有之，肯定有之；法学界更是热议不断，焦点主要集中在“个人信息”“犯罪主体”“犯罪行为”“情节严重”的内涵和外延的界定上。

《刑法修正案（七）》第七条关于保护个人信息的规定，作为我国目前唯一直接规定保护个人信息的刑事法律规范，具有开创意义和导向作用，同时也适应了世界刑事立法对个人信息刑法保护的趋势。当然，由于对个人信息保护的民事法律、行政法律等前置法律缺失，给《刑法》的执行和犯罪的认定增加了一定困难，单靠《刑法》来规制业已泛滥的个人信息侵害行为是心有余而力不足的，且本条的规定还有许多待完善之处。但这些不足以否定《刑法修正案（七）》第七条的作用和意义。正如全国人大常委会法工委刑法室的许永安解释的那样，“追究这类情节严重的行为的刑事责任，体现了《刑法》关注民生和反映社会实际需要的导向”。①

三　实务的考察：我国个人信息保护的司法实践

我国保护个人信息的司法实践效果怎么样呢？在此笔者选择城区一个公安分局办理的危害个人信息的案件为考察样本，希望以此反映出我国保护个人信息的司法实践现状。选择刑事司法实践，主要基于以下考虑：首先，《刑法》是最先直接立法保护个人信息的法律之一，是我国法律直接保护个人信息的开端；其次，刑事制裁在所有法律制裁手段中具有最强强制力和威慑力，对违法犯罪人员的影响最大；最后，刑事案件办理是由专业的侦

① 为此，作者专门登录中国期刊网，将2009到2012年度的政治、法律类文章以“个人信息”为题名或关键词进行了搜索，共搜到相关文章349篇，其中涉及个人信息刑法保护内容的共有133篇，占总数的38.1%。

查技术人员进行的，其调查取证的能力远远超出受害人个人，对违法犯罪人员的打击力度是最大的。

1. 侵害个人信息案件的现状——一个基层公安分局的侦查实践

近年来，因侵害公民个人信息而引发的诈骗、盗窃、绑架、敲诈勒索等刑事犯罪高发。以当前比较典型的诈骗案件为例，笔者调取了南京市某城区公安分局近年来的相关案件数据。2010年该分局接报电话诈骗案件166起，短信诈骗案件73起，分别占当年全部诈骗案件的18.9%和8.3%；2011年该局接报电话诈骗案件244起，短信诈骗案件55起，分别占当年诈骗案件的25.6%和5.8%；2012年该局接报电话诈骗案件238起，短信诈骗案件58起，分别占当年诈骗案件的25.2%和6.1%。

（1）案件的基本情况。2012年该分局共办理涉及个人信息犯罪的案件6件，抓获涉案嫌疑人9人（其中6人逮捕，3人取保直诉）。嫌疑人通过注册成立信息调查公司，逃避打击、推销业务、拉拢客户。他们主要从事调查婚外情、财产状况和寻人等业务，通过跟踪偷拍、网上购买、与相关单位内部人员勾结等手段私自获得受害人的个人信息。他们作案的对象主要集中在房产、车辆、航班、手机使用、住宿登记等信息上，收集到这些信息后再通过实体交易或网络交易等方式将个人信息出售牟利。

（2）案件办理的复杂过程。针对这6起案件，由于没有先例，分局专门抽出精干力量成立专案组，为每起案件制定了方案并指定专人负责办理。办理的民警事后最大的感触就是此类案件难办！统计数据足以说明问题：20名民警共历时三个多月，做各种调查笔录600多人次，案卷材料有1万多页，装订起来有半人高；累计出差20余趟，行程上万公里；聘请电子数据恢复和认证专家12人次，累计补充侦查8次；等等。

首先是办案过程艰难，难在工作量巨大。案件嫌疑人成立的公司是“挂羊头，卖狗肉”，除了非法收集和买卖个人信息，没有其他的业务，所以他们只要有机会就会疯狂连续作案。如严某非法获取个人信息案中，严某在2009年就成立调查公司从事非法活动，到被抓时公司成立近四年，从事的非法业务有近百起，侦查人员就要对每一起交易都调查清楚；网络交易没有地域限制，非常方便，在网上很简单的一笔交易，侦查人员就要到属地银行、网管等部门调查取证，没有几天的奔波完不成。

其次是收集证据难。个人信息能与主人的身体分离，当自己的信息被侵害时，被害人很难发现，更不要说指认举证了；嫌疑人在买卖个人信息时，都是通过网络商谈、银行转账付款的方式交易，交易双方不需要见面，其犯罪行为比较隐蔽，其交易记录要到网络公司总部和银行总部去调取；个人信息很容易复制，持有人能多次倒卖，使交易链众多而复杂；等等。以上列举的这些情况给该罪的调查取证带来了很大的困难。

最后是证据的查证核实难。电子数据本身就容易改动且不留痕迹，有的案件中的信息都是几经转手或者购买于网络，很难确定信息的最初来源和真实性。犯罪嫌疑人往往以电子设备存储公民个人信息，涉案的信息数量往往十分巨大，如邵某非法获取个人信息案中，涉及南京、镇江、泰州和盐城四城市车辆信息达108.5558万条，对如此海量的信息要剔除重复的、去掉虚假的，工作量是无法想象的，一一核实也是不现实的。

（3）不能回避的困惑和尴尬。此类案件成了办案人员回避的“雷区”，除了上文讲的办案难之外，还有深层次的原因。

首先，形成有效打击有难度。在刑事案件的侦查中，调查取证是基础，而侵害个人信息罪面临着上文讲到的“取证难”的问题。很多时候案件的证据仅凭嫌疑人的供述，而没有其他有力的证据来证实时，根据“疑罪从无”的原则，是不能对犯罪嫌疑人定罪量刑的，从而使侵害行为人逃脱《刑法》的制裁。如果不能对侵犯公民个人信息的犯罪行为进行充分的调查取证、有效打击，就会产生“示范效应”，增加违法者的“投机心理”，导致侵犯公民个人信息的行为激增，造成不良的社会影响。而对于侦查人员来讲，明知嫌疑人涉嫌违法犯罪，但苦于收集不到有力的证据，致使犯罪嫌疑人逍遥法外，其挫败感是可想而知的。

其次，对源头违法者的打击不力。从目前办理的案件来看，犯罪嫌疑人获得个人信息的主要途径有两种：一种是通过跟踪、窃听、盗窃、黑客等手段获取个人信息。此种方法工作量大、风险大，是一种原始、低效的方式，嫌疑人刚开始一般都采用此方式。另一种是嫌疑人成了中间商，直接从网上和持有个人信息单位的工作人员处购买，再转卖，赚取中间差价。这种方式获得的信息准确、质量高，且风险小，是犯罪嫌疑人获得信息的主要方式。而个人信息被泄露的最初源头往往就是持有个人信息的单位或个人，如户籍、房产、储户、新生儿信息，显而易见是从国家机关、金融、医疗单位方能获取的。但犯罪嫌疑人对信息的真正来源都讳莫如深，他们一般都是讲在网上购买的，让你无从查起。侦查人员即使能够判断出其来源，但如果该单位内部管理不完善，很难确定谁是始作俑者，这些源头违法者就能逍遥法外。

再次，证人的冷漠。这里的证人主要指银行、网站和持有个人信息的单位。他们的冷漠有两种表现：一种是对侦查机关的调查取证想出各种理由搪塞，虽然我国《刑事诉讼法》修改时专门强调了证人的作证义务，但是如果到持有个人信息的单位去调查谁有可能在工作中接触到个人信息时，单位负责人给你的答复肯定是每个营业网点、每个工作人员都有可能，让你无法查清楚。另外一种是对利用他们的业务行为实施犯罪，不管不问，漠不关心。如现在个人信息在网上都是公开买卖的，网络公司肯定是知道的，但他们为什么如此冷漠呢？中国电子商务协会政策法律委员会副主任刘春泉一语中的，他说："商业逻辑大于法律逻辑，像前几年的百度 MP3 纠纷案，在打官司的过程中，它的流量不停地涨，达到整个流量的 20%，赚取巨额的广告费，而最后输掉官司也不过赔了几万元钱。逐利的本性让网站不会主动删除涉及个人信息的文档。"

最后，受害人的不配合。在办案过程中，办案人员发现受害人对维权积极性不高，有的甚至拒不配合有关的调查询问，更无一人提出刑事附带民事的精神补偿诉求。分析主要原因是受害人的个人信息被侵害时其无法及时发现，即使后期发现也是时过境迁了，各种可能的危害也已发生了，受害人没有时间和精力再为此事纠缠，也不想再自揭伤疤。并且根据我国现行的诉讼制度，受害人不可能得到相应的精神损害赔偿，这在客观上也影响了受害人参与诉讼的积极性。还有少数的受害人不敢出来作证是担心嫌疑人如不能被有效打击，今后有可能打击报复。

2. 司法实践的启示

（1）此类案件对传统的侦查方法提出新的挑战。事实上，作为信息时代的新型犯罪，侵犯个人信息权行为有着不同于其他侵权行为的特点。主要表现在：

首先是作案手段的专业性。目前，经营个人信息已形成一个完整的利益链，社会上出现一些专门收购和买卖个人信息的各种名目的调查公司或信息咨询公司，他们利用各种专业技术手段，如通过 GPS 定位、手机监听、红外夜视和电子商务等技术收集和倒卖个人信息，使个人信息交易呈现出专业化、行业化的特点。

其次是整个犯罪过程是以现代技术为支撑的。随着以计算机为基础的信息技术的发展，收集、储存、传输、处理和利用个人信息变得易如反掌。加上公民个人信息的经济价值日益凸显，个人信息已脱离公民个人的掌控，成了流通的"商品"，由此也催生出一种新型的犯罪——侵害公民个人信息罪。此罪就诞生在信息行业的摇篮里，自然离不开高新技术。犯罪分子利用各种先进设备，在受害人毫不知情的情况下，收集受害人的信息，又在网上通过虚拟身份交流，将个人信息通过网络传输交易，交易额也通过网络划账，交易双方不需要见面交易就完成了。

因此，我们在侦查此类案件时要根据其特点开展工作。该类犯罪行为直接侵害的对象——个人信息多是以文字、图片和音像资料等数字信息的形式存在，所以对其的侵害行为大部分没有传统的物化证据，侦查机关须用技术手段对涉案的电子证据的收集、查证来证明犯罪行为的存在。且在网络的虚拟空间中，电子轨迹的收集、犯罪主体的现实身份的确定都需要相应的技术手段，这对侦查机关的技术水平、侦查手段、证明过程等都提出了新的要求。因此我们要改变传统的侦查思维和模式，认真研究电子证据的特点和收集、查证的技巧，以更好地侦破打击该类犯罪行为。

（2）对个人信息的保护，需要法律和道德综合规范。针对一个严重而复杂的社会问题，要首先利用法律手段进行调整。各部门法对同一社会现象调整时，应注意相互之间协调一致。立法中要根据过罚相当的原则，细化为若干裁量阶次，确保处罚与违法行为的事实、性质、情节、社会危害程度相当，在法律责任上应形成由轻到重排列的拾级而上阶梯性责任，使各种法律责任关系明晰、层次分明，让人们更好地判断自己行为的后果，也便于司法适用。在此有必要再分析一下我国《刑法修正案（七）》的实施效果。事实上，在我国对公民个人信息的民法保护、行政法保护等还未建立，单靠一条刑法两个罪名是不可能解决如此复杂和普遍的社会问题的。作为保护公民权益的最后一道屏障，《刑法》的补充性与保障性决定刑事立法只能理性、稳重地在对其他部门法进行价值分析的基础上，谨慎规范。缺乏前置法的情况下，《刑法》孤军奋战，将会导致保护体系框架的断层，出现“牛栏关猫”的情况，不可能为个人信息的保护提供严密、有效的保护。所以，我国现在急需构筑起专门的民事、行政、刑事立体的规范体系来保护公民的个人信息安全。

法律不是万能的，尽管法律可以规定用各种法律责任来打击违法和犯罪行为，但法律只能够起到外部约束的作用，而道德是对人的内在约束，因此应当同时加强道德和法制教育，内外结合，双管齐下来提高人们尊重和保护个人信息的意识。法律的强制作用也往往需要通过人的内在道德信念起作用，没有道德的约束机制，仅仅依靠法律规范，要么会造成高昂的执法社会成本，要么不可能达到保护个人信息的目标。所以要弘扬社会道德，建立以道德为基础的个人自律和行业自律。行业自律是个人信息保护的关键，“内鬼”才是信息泄露的首恶。所以若自律机制得以成功施行，则能够大幅度降低个人信息泄露，并且这种自律规范还能较好地解决特定行业个人信息保护的相关技术性问题。

四　理性的回归：实践和理论的统一

法学是一门实践性非常强的社会科学，强调理论研究与实践应用相结合，这是法学不断成长和壮大的基础。可以说，法学的研究成果要体现在立法、执法和守法的实践中；立法、执法和守法实践又能不断完善和丰富法学的研究成果，达到理论和实践的统一。妥善解决好侵害个人信息的社会问题，在理论和实践统一的层面，要做好以下几点：

1. 制定、出台统一的《公民个人信息保护法》

现代信息技术的发展，影响到我们每一个人，逐渐改变了我们的社会生活方式，这不仅是技术与经济的问题，更是与制度、文化和道德相关的社会问题。个人信息负载着公民重大的人身权利，有独立保护的价值。世界各国和地区有关个人信息保护法的规定虽然不相同，但对个人信息的保护都是高度关注的，我国也不能例外。我国是成文法国家，采取统一立法模式能够顺应我国的立法背景，可更有效保护个人权利。制定《公民个人信息保护法》作为个人信息保护基本法，使个人信息保护有法可依，是当务之急。

在进行立法时，首先应考虑我国法律的系统性问题，注意调整新制定法与现有相关法律之间的关系，处理好特别法与一般法之间的关系；其次应考虑立法的可操作性和个人信息权的可救济性；最后要平衡好各方的利益，如处理好个人信息的合理利用与恰当保护的关系，在个人权利与社会利益之间实现平衡，在保护公民个人信息的同时，亦须考虑社会利益。因此，其主要内容应包括：个人信息的概念、种类和范围等；个人信息保护的原则；个人信息权的主体、客体、内容等；个人信息采集、使用和保密的规定；个人信息主体的权利和义务，个人信息被非法收集或泄露后的救济途径及责任的承担方式；国家机关、行业协会及相关企事业单位保护公民个人信息安全的责任、惩罚措施等。

要说明的是，用有限的法律条文去规制复杂多变的社会本身就是一件冒险的事情。从世界各国的经验来看，并不是有了法律就能解决所有的问题，有些关于个人信息保护的争议至今还没有结果，例如个人信息保护和信息的流通矛盾、与新闻自由的矛盾、与公共监控设备安装的矛盾、与国家安全的矛盾等需要价值判断和选择的问题。现在我们要做的不是完美地解决这些矛盾，而是结合我国的实际情况尽快填补个人信息保护的空白，制定出《公民个人信息保护法》，不完善的地方可以逐步修改和完善。修改的代价显然要远远小于空白的代价。[1]

2. 制定和完善与个人信息保护相关的法律、法规和规章

各国或地区的有关个人信息资料的法律保护一般是由宪法、民事法、行政法、刑事法以及诉讼法所形成的结构完整、内部协调的法律体系来担当。对我国来讲，具体分三个层次：

一是宪法是我国的根本大法，具有最高的法律效力。宪法应明确规定公民享有个人信息权，以明示个人信息权是公民的宪法权利。因此，可在宪法中规定：中华人民共和国公民的个人信息权受法律保护，禁止任何组织和个人非法侵害。

二是根据个人信息的特点和司法实践经验，修改和完善民事法、刑事法、行政法和诉讼法等法律相应的规定，以适应信息时代的需要。特别是在诉讼法方面，要完善司法程序上的保护体系，做到个人信息一旦遭受损害，信息所有者就能够立即通过法律途径进行维护，并由法律对侵害他人信息的行为予以制裁，切实解决起诉难、维权难的问题。如民事诉讼中，鉴于受害人与侵害人的举证能力差别很大，在传统侵权责任中“谁主张，谁举证”的原则，加上在侵害个人信息的案件诉讼中采用“举证责任倒置”的规定，以更好地保护受害者的权利；再如在诉讼法中还应该加上电子证据的收集、核实、采信的规定。

三是制定、修改和完善地方法规和部门规章有关个人信息保护的规定，以加强对本部门、本系统或本行业的管理和规范。如卫生部就要制定部门规章来规范本部门以及医院、防疫站和疾病控制中心等实体单位对患者信息的使用和管理，同时，还要监督

---

① 我国绝大多数学者主张采用德国模式，即由国家制定专门的个人信息保护法统一规范个人信息的收集、处理和利用。齐爱民教授主持的《个人信息保护法示范法草案学者建议稿》和周汉华教授主持的《个人信息保护法（专家建议稿）及立法研究报告》都主张我国个人信息保护采取德国模式进行统一立法。

和指导医院、防疫站和疾病控制中心等实体单位制定行业自律性规范，并监督其遵照执行。这样就建立起以宪法保护为首，以法律保护为核心，地方性法规、部门规章和行业自律等保护为辅助的法律保护体系。①

3. 提高执法、司法人员的素质

“徒法不足以自行”，好的法律还需要素质高、责任心强的执法、司法工作人员来实施，所以提高工作人员的素质是关键。根据保护个人信息的要求，执法、司法人员需要做到以下几点：

一是要有爱岗敬业、吃苦耐劳和乐于奉献的精神。由于侵犯个人信息案件的特殊性，不管是民事还是刑事案件，办理的过程都是非常辛苦的，这时就要求工作人员有吃苦耐劳、乐于奉献的精神：本着对工作负责、对法律负责、对当事人负责的精神，不抱怨，不回避，放下架子，俯下身子，认认真真将证据收集完备，将案件的来龙去脉弄清楚；不唯情，不唯权，客观公正、公平合理地做出裁决或判决，以展示司法工作人员的风采。

二是加强业务培训，提高办案能力。侵害个人信息案是一种新型案件，从作案方式到相关证据的收集和认定，都是新鲜事物，几乎没有先例可循，更没有现成的经验可资借鉴。因此要想更好地保护个人信息就要加强信息科技技能的培训教育，要求工作人员认真地学习计算机、网络、电子商务、通信技术等知识作为基础储备，这样在办案中能够很快了解案犯作案的手段和方式，工作起来得心应手。同时，工作人员也要善于利用培训的机会，积极主动钻研学习，找出其中规律性的东西，提高自身素

---

① 我国政府早在2003年就将制定专门的个人信息保护法律列入立法计划，目前我国学界已经有两部专家建议稿，分别是2005年以及2006年相继问世的齐爱民教授主持的《个人信息保护法示范法草案学者建议稿》以及周汉华教授主持的《个人信息保护法（专家建议稿）及立法研究报告》，但自此以后，该部法律一直在争论和审议过程中，至今为止尚未正式出台。这也是现在我国侵害个人信息泛滥的主要原因之一。

质。侵害信息案件纷繁复杂，取证困难比比皆是，唯有不断完善侦查技术、提高侦查技术水平和质量，才是硬道理。

三是提高与相关部门的沟通协作能力。侵害个人信息案的证据一般不在受害人和侵害人手中，而是集中在网络、银行、通信等中间服务商手里，如通过网络交易个人信息时，交易时间、数量、内容都会在网络公司留下记录。针对取证的问题，司法机关应放下架子，加强和相关部门沟通联系，以取得网络、银行、通信等单位的配合。同时，要加强与司法鉴定机构的配合，研究能够认定电子证据的技术手段。

4. 加强道德和法制教育

一是加强道德和法制教育，提高公民遵纪守法的自觉性。通过教育宣传，使群众认识到个人信息的性质、信息被泄露后可能带来的危害，培养他们尊重和保护个人信息的习惯，形成不刺探、不传播、不滥用他人信息的道德风尚。同时，也要让大家知道公民的个人信息受国家法律保护，侵害了个人信息就要承担民事、行政甚至是刑事责任，这样就使守法公民有了保护自己合法权益的武器，并警戒社会上不法分子，使其不敢轻举妄动。鼓励公民养成尊重别人、保护自己的习惯，自觉维护法律的权威和尊严，做遵纪守法的好公民。

二是加强职业道德教育，提高行业自律水平。个人信息泄露的最终源头几乎都来自网络服务、金融机构、电信机构、销售业等涉及个人信息的行业。飞速发展的信息产业都是以不断更新的高新技术为支撑的，法律很难越过技术造成的障碍来有效规范该行业的行为，加强了行业的自律和约束，就为信息保护构建了一道防火墙，违法的概率大为降低。因此，银行、电信、网络等相关行业的主管或监管部门，要加强这些行业的职业道德教育，督促其承担相应的社会责任，强化行业自律，规范个人信息的采集、使用、保密责任等；同时提醒他们去掉职业的冷漠，多一点热心和善意的关怀，侵害个人信息的行为就会下降。

三是教育和引导公民依法自我保护。防患于未然强于事后亡羊补牢。加强信息保护必须从增强个人信息保护意识做起，多一分防范意识就少几分不必要的伤害。日常生活中，公民要有意识地保护自己的信息，如不随意丢弃记录有个人信息的资料、不随意登记填写个人信息、发送 E－mail 时尽量使用加密工具、经常更换网络银行的密码等。教育公民在个人信息被侵害时，大胆依法维护自己的权利，果断地拿起法律武器与不法人员做斗争，使违法人员受到应有的惩罚，以铲除侵害个人信息的土壤，净化社会环境。

参考文献

赵军：《侵犯公民个人信息犯罪法益研究——兼析〈刑法修正案（七）〉的相关争议问题》，《江西财经大学学报》2011 年第 2 期。

李克杰：《“电信内鬼”出售个人信息击中刑法软肋》，《法制日报》2010 年 6 月 10 日。

孙昌兴、秦洁：《个人信息保护的法律问题研究》，《北京邮电大学学报》（社会科学版）2010 年第 2 期。

齐爱民：《个人信息保护法研究》，《河北法学》2008 年第 4 期。

梁彗星、廖新仲：《隐私的本质与隐私权的概念》，《人民司法》2003 年第 4 期。

周汉华：《中华人民共和国个人信息保护法（专家建议稿）及立法研究报告》，法律出版社，2006。

廖灿勇：《为个人信息加把“锁”》，《公民导刊》2010 年第 4 期。

陈兴良：《刑法哲学》，中国政法大学出版社，2000。

曲新久：《刑法学》，中国政法大学出版社，2006。

肖潘潘：《九成网友个人信息遭侵犯》，《人民日报》2007 年 11 月 16 日。

陈兴良：《刑法的价值构造》，中国人民大学出版社，1998。

许永安：《刑法修正案（七）的立法背景与主要内容》，中国人大网，http：//www. npc. gov. cn. 2009. 3. 5。

李烁、周蕊：《3000 业主信息被公示》，《今日南国》2011 年第 10 期。

（作者：蒋平，本文原载于《公安研究》2013 年第 8 期）

电子商务中消费者权益保护问题研究

一　电子商务现状

电子商务是以信息网络技术为手段，以商品交换为中心的活动，在互联网开放的网络环境下，基于浏览器/服务器应用方式，买卖双方可以不谋面进行各种商贸活动，实现消费者的网上购物、商户之间的网上交易和在线电子支付以及各种商务活动、交易活动、金融活动和相关的综合服务活动，是传统商业活动各环节的电子化、网络化、信息化。

随着互联网的快速发展，网络购物已经成为当今社会的一种时尚，根据移动网购统计数据显示，2014 年一季度中国网购用户数量已经超过 3.1 亿人。且网络购物正从 PC 端不断向移动端渗透。截至 2013 年 12 月底，中国手机购物用户占网购用户的 22.9%，相比 2011 年增长了 6.6 个百分点，用户量高出 2.36 倍，2013 年中国电子商务市场交易规模达 10.2 万亿元，同比 2012 年的 8.5 万亿元，增长 29.9%。2014 年，中国电子商务市场交易规模达 13.4 万亿元，同比增长 31.4%。

二　电子商务中消费者权益保护难题

电子商务打破了传统的交易模式，以其高效性、低成本性带来了巨大的经济效益、社会效益的背后也对消费者权益保护造成了极大的威胁，由于电子商务中交易双方互不谋面，使得消费者的弱势地位更加明显，在网购的各个环节都会出现各种各样的消费者侵权问题，如商家不讲诚信、遭遇诈骗、隐私被泄露等。

1. **电子商务中的消费者交易安全权**

消费者在整个交易过程中都有关于安全的一种基本的心理需要，消费者安全权即消费者享有其人身和财产等不因消费而受到任何侵害的权利安全权，是消费者所享有的最基本的权利，电子商务中，消费者交易安全权尤其是财产安全权是消费者关心的问题之一，然而我们看到的是，黑客的大规模入侵、网上病毒的泛滥，使得网络消费者对网络交易的安全问题尤其是个人信息的安全和资金的安全忧心忡忡。

2. **电子商务中的消费者知情权**

在电子商务中，消费者通过经营者向其展示的图片、影音资料等获得商品或服务的信息，经营者出于盈利目的，往往会提供虚假信息或者隐藏不利于商品销售的真实信息。这些影响消费者决策的关键信息在以网络为依托的电子商务中更容易被消费者忽略，网络交易的虚拟性掩护了经营者提供虚假信息或提供不完整信息的行为，从而对消费者进行误导、欺诈侵害消费者知情权。

3. **电子商务中的消费者退换货权**

退换货权是赋予消费者的一种补救性权利，是在消费者合法权益受到侵害时的一种救济措施。电子商务中消费者的退换货权更显脆弱，其保护也存在更大的难度，主要是因为：首先，电子商务从下订单、网上支付到交易完成存在三方主体，扮演着商品运输的重要角色，物流机构也成了商品瑕疵的责任主体，而此时的责任认定存在极大不确定性。其次，退换货的运输费用问题在我国的法律中并无明确的规定，这给电子商务交易中消费者退换货权的行使带来了很大的障碍。最后，对于数字化商品，如游戏点卡、Q币等，具有明显的易复制性，其退换货过程则更为不易。

4. 电子商务中的消费者隐私权

在电子商务交易中，侵犯网络隐私权表现在对个人信息的非法利用和对个人信息安全的破坏。现代社会中，个人信息的价值愈发凸显，个人信息遭到侵犯的情况也随之增多，消费者的电话、住址、爱好等个人隐私信息被泄露的情况比比皆是，更有甚者通过出售消费者个人信息谋取非法利益。根据中国互联网协会发布的《2016中国网民权益保护调查报告》，84%的网民曾亲身感受到由于个人信息泄露带来的不良影响。从2015年下半年到2016年上半年的一年间，我国网民因垃圾信息、诈骗信息、个人信息泄露等遭受的经济损失高达915亿元。近年来，警方查获曝光的大量案件显示，公民个人信息的泄露、收集、转卖，已经形成了完整的黑色产业链。

三　电子商务中的消费者权益保护法律框架

1. 新《中华人民共和国消费者权益保护法》

《中华人民共和国消费者权益保护法》是维护全体公民消费权益的法律规范的总称，是为了保护消费者的合法权益，维护社会经济秩序稳定，促进社会主义市场经济健康发展而制定的一部法律。1993年10月31日，第八届全国人大常委会第四次会议通过，自1994年1月1日起施行。2009年8月27日，第十一届全国人民代表大会常务委员会第十次会议《关于修改部分法律的规定》进行第一次修正。2013年10月25日，第十二届全国人大常委会第五次会议《关于修改的决定》第2次修正。2014年3月15日，由全国人大修订的新版《中华人民共和国消费者权益保护法》（简称《新消法》）正式实施。

（1）《新消法》中关于消费者安全权。

网上购物方式与普通的购物不同，对于商家是否具备经营资质、信誉等情况，买家无从查证，这就需要网络平台加强审查和监管。《新消法》对网购平台的责任进行了清晰定位，即网购平台不能提供销售者或者服务者的真实名称、地址和有效联系方式的，承担赔偿责任。《新消法》第 44 条规定：消费者通过网络交易平台购买商品或者接受服务，其合法权益受到损害的，可以向销售者或者服务者要求赔偿。网络交易平台提供者不能提供销售者或者服务者的真实名称、地址和有效联系方式的，消费者也可以向网络交易平台提供者要求赔偿。

（2）《新消法》中关于消费者隐私权。

针对个人信息被随意泄露或买卖，消费者的正常生活受到严重干扰，《新消法》首次将个人信息保护作为消费者权益确认下来，并且规定：经营者侵害消费者的人格尊严、侵犯消费者人身自由或者侵害消费者个人信息依法得到保护的权利的，应当停止侵害、恢复名誉、消除影响、赔礼道歉，并赔偿损失。《新消法》第 14 条规定：消费者在购买、使用商品和接受服务时，享有其人格尊严、民族风俗习惯得到尊重的权利，享有个人信息依法得到保护的权利；第 29 条规定：经营者收集、使用消费者个人信息，应当遵循合法、正当、必要的原则，明示收集、使用信息的目的、方式和范围，并经消费者同意。

（3）《新消法》中关于消费者知情权。

《新消法》第 55 条规定：经营者提供商品或者服务有欺诈行为的，应当按照消费者的要求增加赔偿其受到的损失，增加赔偿的金额为消费者购买商品的价款或者接受服务的费用的三倍；增加赔偿的金额不足五百元的，为五百元。《新消法》不仅将惩罚性赔偿的倍数增加为“退一赔三”，而且还对赔偿的最低数额进行确定。《新消法》第 55 条还规定：经营者提供的商品或者服务不符合质量要求的，消费者可以依照国家规定、当事人约定退货，或者要求经营者履行更换、修理等义务。没有国家规定和当事人约定的，消费者可以自收到商品之日起七日内退货；七日后符合法定解除合同条件的，消费者可以及时退货，不符合法定解除合同条件的，可以要求经营者履行更换、修理等义务。依照前款规定进行退货、更换、修理的，经营者应当承担运输等必要费用。

(4)《新消法》中关于消费者退换货权。

由于网络购买的特殊性，消费者没有机会检验商品，加之交易内容没有充分公开而容易造成消费者意思表示不完全，消费者的权益容易受到侵害。《新消法》针对网络等远程购物方式赋予了消费者七天的反悔权，旨在促进买卖双方的平等地位，《新消法》第 25 条规定：经营者采用网络、电视、电话、邮购等方式销售商品，消费者有权自收到商品之日起七日内退货，且无须说明理由，但下列商品除外：①消费者定做的；②鲜活易腐的；③在线下载或者消费者拆封的音像制品、计算机软件等数字化商品；④交付的报纸、期刊。

2. 其他相关法律法规

(1)《中华人民共和国网络安全法》。

《中华人民共和国网络安全法》是网络空间安全管理的基本法律，建设、运营、维护和使用网络均应以此法作为基本法。该法由全国人民代表大会常务委员会于 2016 年 11 月 7 日发布，于 2017 年 6 月 1 日起施行。在电子商务中消费者权益保护方面，该法明确规定网络运营者不得泄露个人信息。该法规定网络产品、服务具有收集用户信息功能的，其提供者应当向用户明示并取得同意；网络运营者不得泄露、篡改、毁损其收集的个人信息；任何个人和组织不得窃取或者以其他非法方式获取个人信息，不得非法出售或者非法向他人提供个人信息，并规定了相应法律责任。该法以法律的形式对"网络实名制"做出规定：网络运营者为用户办理网络接入、域名注册服务，办理固定电话、移动电话等入网手续，或者为用户提供信息发布、即时通信等服务，应当要求用户提供真实身份信息。用户不提供真实身份信息的，网络运营者不得为其提供相关服务。

（2）《全国人民代表大会常务委员会关于加强网络信息保护的决定》。

为了保护网络信息安全，保障公民、法人和其他组织的合法权益，维护国家安全和社会公共利益，2012 年 12 月 28 日，第十一届全国人民代表大会常务委员会第三十次会议通过了《全国人民代表大会常务委员会关于加强网络信息保护的决定》。该决定在保护隐私方面主要有：①加强身份管理，实行"实名制"；②未经用户同意禁止发送商业性邮件、短信；③加大保护个人电子信息力度。《决定》明确了一个保护个人信息的重要原则——国家保护能够识别公民个人身份和涉及公民个人隐私的电子信息。

（3）《中华人民共和国电子签名法》。

2004 年 8 月 28 日，第十届全国人大常委会第十一次会议表决通过《中华人民共和国电子签名法》，并于 2005 年 4 月 1 日起实施。该法的颁布和实施为推动我国电子商务法制环境的建立确立了基本的方向，为促进安全可信的电子交易环境的建立提供了保证。

《中华人民共和国电子签名法》的重大意义就在于它首次赋予数据电文、电子签名、电子认证相应的法律地位，其中数据电文的概念非常广泛，基本涵盖了所有以电子形式存在的文件、记录、单证、合同等，我们可以理解为信息时代所有电子信息的基本存在形式。在该法出台实施之前，我们缺乏对于数据电文法律效力的最基本的规定。可以说，该法在我国电子商务发展史上具有里程碑的意义。

（4）《关于加快电子商务发展的若干意见》。

为了合理促进电子商务健康有序发展、推动电子商务法制建设、发挥电子商务企业的主动性和积极性、全面提高我国电子商务的技术和服务水平，国务院办公厅于2005年1月28日发布《关于加快电子商务发展的若干意见》（国办发〔2005〕2号）（附件1），该意见的主要内容有：①明确了电子商务对国民经济和社会发展的重要作用；②提出了加快电子商务发展的指导思想和基本原则；③推动电子商务法制建设，完善政策法规环境以规范电子商务发展；④加快与电子商务相配套的信用、认证、标准、支付和现代物流建设，以形成有利于电子商务发展的支撑体系；⑤电子商务发展过程中要积极发挥企业的主体作用；⑥要求提升电子商务技术和服务水平，推动相关产业发展；⑦加强宣传教育工作，提高企业和公民的电子商务应用意识；⑧加强交流合作，参与国际竞争。

（5）《商务部关于网上交易的指导意见（暂行）》。

为贯彻落实国务院办公厅《关于加快电子商务发展的若干意见》文件精神，推动网上交易健康发展，逐步规范网上交易行为，帮助和鼓励网上交易各参与方开展网上交易，警惕和防范交易风险，商务部于2007年3月6日发布《商务部关于网上交易的指导意见（暂行）》。

该意见主要有如下几个方面的内容：①明确网上交易参与方的主体资格要求；②明确网上交易的基本原则；③规范网上交易参与方行为账号信息的安全；④对网上交易的健康发展提出促进措施。

（6）《商务部关于促进电子商务规范发展的意见》。

结合我国电子商务发展的新情况，商务部于2007年12月13日发布《商务部关于促进电子商务规范发展的意见》，意见要求：①充分认识电子商务规范发展的重要意义；②规范网络交易各方的信息发布和传递行为；③规范电子商务中如用户注册和会员发展、网上促销、网上拍卖、售后服务等交易行为；④规范电子支付行为；⑤规范电子商务商品配送行为，健全物流支撑体系；⑥促进电子商务规范发展的保障措施；⑦加强组织领导。

四　电子商务中消费者权益保护取得的进步

1.《中华人民共和国消费者权益保护法》的修订

2013 年 10 月 25 日，第十二届全国人大常委会第五次会议通过《关于修改〈中华人民共和国消费者权益保护法〉的决定》，自 2014 年 3 月 15 日起实施。这次修订，是《中华人民共和国消费者权益保护法》颁布实施 20 年来的首次大修，《新消法》体现了新的时代特征，是一部与时俱进的法律，该法着重关注消费领域里的一些新问题，例如网络购物、个人信息保护等，对不良商家的惩罚力度加大了，更有助于保护消费者的合法权益。《新消法》在电子商务中消费者权益保护方面取得的进步主要有：①赋予网购消费者 7 天“后悔权”，消费者自收到网购物品之日起 7 日内可以无理由退货，这极大地平衡了电子商务中经营者和消费者之间的信息不对称问题。②将网购平台纳入赔付责任范围，《新消法》对此规定：网络交易平台提供者作为网络交易的第三方，应当承担起应尽的责任。一是在无法提供销售者或者服务者的真实名称、地址和有效联系方式的情况下，必须承担先行赔付责任。二是在明知或应知销售者或者服务者利用平台损害消费者权益的情形下，未采取必要措施的，必须承担连带责任。同时，网络交易平台做出更有利于消费者的承诺的，应当履行承诺。按照《新消法》规定，网络消费者如果想退、换货，如果联系不到商家，那么这个责任可以由网购平台承担。③严禁出售个人信息，《新消法》加大了对个人隐私的保护，未经消费者同意，商家不能出售个人信息。

2.《中华人民共和国网络安全法》通过并即将实施

为保障网络安全，维护网络空间主权和国家安全、社会公共利益，保护公民、法人和其他组织的合法权益，促进经济社会信息化健康发展，全国人民代表大会常务委员会于 2016 年 11 月 7 日发布《中华人民共和国网络安全法》，该法于 2017 年 6 月 1 日起施行。长期以来，我国网络信息系统安全方面的法律法规和相关法律性文件虽然很多，但往往相互矛盾，有些内容监管范围交叉，责任不明，立法内容重复，主要原因在于我国缺乏统一的网络信息系统安全法律，《中华人民共和国网络安全法》可以作为我国网络安全的基本法，今后，凡是制定网络安全相关法律法规均应以此作为根本准则。

3.《中华人民共和国电子商务法》进入立法进程

伴随着电子商务的蓬勃发展，其对中国经济社会的贡献和影响越来越大，但同时也暴露出诸多问题，电商立法的迫切性一再凸显。在鼓励电商发展的同时也要对其进行有法可依的监管规范，电子商务立法方面，我国第十届全国人民代表大会常务委员会第十一次会议已于 2004 年 8 月 28 日通过《中华人民共和国电子签名法》，中国人民银行 2005 年 10 月 26 日颁布了《电子支付指引》。目前《中华人民共和国电子商务法》已经进入立法进程，2013 年 12 月 27 日，全国人大财经委在人民大会堂召开电子商务法起草组成立暨第一次全体会议，正式启动电子商务法立法工作，2014 年开展了 16 项电子商务立法专题研究，2015 年经历了从 4 个版本到两个草案再整合成唯一的送审版本，2016 年在公开征求社会意见后将报送全国人大常委会审议，预计 2017 年正式出台。《中华人民共和国电子商务法（草案）》对电子商务中消费者数据保护、电商平台责任、电商领域不正当竞争以及线上、线下领域执法等问题进行了规范。《中华人民共和国电子商务法》

将就电子商务消费者关心的问题，如网购消费者如何维权、个人隐私如何保护等问题进行规定。草案明确指出：消费者通过电子商务第三方平台购买商品或者接受服务，其合法权益受到损害的，可以向商品生产者、销售者或者服务提供者提出赔偿。如果电子商务第三方平台不能向消费者提供平台内经营者的真实名称、地址和其他有效联系方式的，消费者可以要求电子商务第三方平台先行赔付。草案设置了专节“电子商务数据信息”。维护“信息数据安全”是本法的一大重点，草案规定，“电子商务经营主体不得以拒绝为用户提供服务为由强迫用户同意其收集、处理、利用个人信息”。

4. 加强网络中公民隐私权的法律保护

我国有关网络信息保护的法律规范还比较分散，必要的管理措施缺乏上位法依据。对此，2012 年 12 月 28 日第十一届全国人民代表大会常务委员会第三十次会议通过了《全国人大常委会关于加强网络信息保护的决定》。该决定开宗明义地指出出台这部法律是“为了保护网络信息安全，保障公民、法人和其他组织的合法权益，维护国家安全和社会公共利益”。该决定以法律的形式保护公民个人及法人的信息安全，确立了网络身份管理制度，明确了网络服务提供者的义务和责任，并赋予政府主管部门必要的监管手段，解决了我国网络信息安全立法滞后的问题。

五　电子商务中消费者权益保护的不足

我国还没有专门的电子商务方面的法律法规，对于如何确定网络购物交易平台以及网商的责任还没有明确规定。因此，一旦出现欺诈行为，交易平台、网商经常推卸责任，而监管部门也缺乏依据，消费者的权益无法得到保障。目前我国在网络消费者的安全权、隐私权、知情权和退换货权利保护方面还存在很多不足。

1. 电子商务中消费者安全权不足

由于电子商务的活动很多都是在开放、虚拟的网络环境下进行，形形色色的人员都可以参与其中，这就给交易安全问题提出了很高的要求。自 2011 年中国人民银行给支付宝颁发第一张第三方支付牌照以来，我国已成立了近 270 家电子支付公司，依赖高效、便捷、低成本的电子支付手段，我国电子商务市场得以迅猛发展。然而，电子支付相关立法远远滞后，电子支付安全技术和管理措施远远落后于实际发展，网络消费者在电子支付时，消费者的信用卡号码、身份证号码及其他的个人资料是否会遭到网络黑客袭击，是否会被经营者不当披露或使用，就成为消费者非常关注的一个问题。电子支付如果不规范好，互联网金融就将面临风险。

2. 电子商务中消费者隐私权不足

在电子商务中，由于黑客技术的发展和网络利益的驱使，消费者的隐私权极易受到侵犯。一旦在网络上购物或者浏览某种商品，各种骚扰短信、骚扰电话将不断出现，这意味着个人信息的泄露，网络隐私一旦被滥用，将给消费者个人带来难以想象甚至灾难性的后果。

3. 电子商务中消费者知情权不足

电子商务平台在给人带来便利和实惠的同时，也成为一些假冒伪劣产品的聚集地，这也是电子商务平台被人诟病之处。另外，电子商务中商家经常采用虚假广告、恶意刷单、虚假评价等方式诱骗消费者，这也使得网络消费者知情权受到严重挑战。

4. 电子商务中消费者退换货权不足

《新消法》赋予消费者 7 天退换货期，但消费者花了钱在网络上购买了商品，货物到了之后发现是假冒伪劣商品，想退货却无法联系商家，相信很多消费者都遇到这样的问题，这样就使得消费者的退换货权利无法实现。

六　电子商务中消费者权益保护的完善

1. 电子商务中消费者安全权的完善

（1）构建全面电子支付安全体系。

需要从技术措施、管理制度、立法建设和支付监控等方面构建一个安全、快捷、方便的在线支付平台和支付流程，确保消费者资金安全。因此，身份识别、信用认证、合同有效性的认定和安全电子支付是电子商务应用中必须解决的关键问题。确保消费者网上传递信息的保密性、完整性和不可抵赖性，保证交易的安全性，应大力发展规范的、权威的、可信赖的第三方电子认证服务。

（2）确保消费者资金安全。

为保障消费者款项的安全，凡通过网络银行等电子支付手段付款的，必须由电子商务经营者和代办银行签订协议，该协议报电子商务主管部门备案，以便在款项出现差错时查找。为解决这个问题，目前很多商家都引用了“先行赔付”制度。由电子商务网站将先行赔付的保证金交给消费者权益协会管理，这对解决网上交易款项的安全问题具有一定的积极意义。

2. 电子商务中消费者隐私权的完善

（1）防泄密技术和管理措施。

应要求电子商务经营主体建立健全内部制度和技术管理措施，防止信息泄露、丢失和损毁。

（2）告知原则。

在消费者的隐私权保护方面，可以学习国际上先进的隐私保护制度，借鉴先进的隐私保护法律制度，确定基本的电子商务个人信息保护原则。首先是告知原则，就是电子商务经营者在收集消费者的个人信息时，要告诉消费者收集了哪些信息，收集信息的手段和用途，以及如何来保护信息的隐秘性。

（3）事先同意原则。

经营者在收集信息之前不但要坚持告知原则，还必须经过消费者的同意。

（4）安全保护原则。

对消费者的个人信息的安全保护是经营者必须要做的。在经营者为了某种合法的目的收集消费者的个人信息时，要在实现目的的情况下，做到最少地收集信息和使用信息。

3. 电子商务中消费者知情权的完善

（1）禁止虚假广告。

充分地借鉴发达国家对互联网信息管理的先进立法经验，禁止虚假网络广告，对电子商务信息披露的范围、披露方式、责任人（单位）做出明确的要求，确保提供给消费者的是对称的、清晰的、全面的交易条件。

（2）禁止恶意炒信。

为了使网络消费者准确了解商品信息，应在法律中禁止“刷单”“炒信”等损害电子商务信用评价的行为，禁止网络商家采用虚构交易、删除不利评价、有偿或者以其他条件换取有利评价的形式诱骗消费者。在即将出台的《中华人民共和国电子商务法》中应明确规定第三方平台不能“默许”其入驻商家售卖假货，第三方平台明知平台内电子商务经营者侵犯知识产权的，应当依法采取删除、屏蔽、断开链接、终止交易和服务等必要措施，构成犯罪的，应依法追究刑事责任。

（3）建立商家基本信息数据库。

建立一个涵盖电子商家的基本信息、产品信息、交易情况、信用情况的权威数据库。在各个电子商务网站做链接，对每次的交易做信用评价，供消费者检索查询，让消费者进行监督。

4. 电子商务中消费者退、换货权的完善

为了实现网络消费者的退、换货权利，需要在即将出台的《中华人民共和国电子商务法》中规定电子商务经营主体的义务，要求电子商务平台对进入第三方平台的经营者进行信息审查和登记。当消费者权益受到侵害时要求第三方平台提供经营者真实信息，如果第三方平台不能提供经营者信息的，消费者有权要求第三方平台进行赔偿。

参考文献

赵俊杰：《电子商务中消费者隐私保护问题研究》，《电脑与电信》2016年第5期。

樊丽霞：《浅论我国电子商务中消费者权益法律保护存在的问题》，《经贸实践》2016年第3期。

姜心怡：《电子商务中消费者权益保护现状的研究》，《安徽警官职业学院学报》2016年第15卷第1期。

柯婷瑶，吴伟钦：《浅析电子商务中有关消费者权益保护的法律问题》，《科技资讯》2015年第13卷第1期。

覃一平：《论电子商务中消费者权益保护的法律问题》，《法制与社会》2014年第34期。

胡浩、毕曜：《电子商务模式下消费者权益保护问题研究》，《经营管理者》2014年第13期。

樊苏锐：《论电子商务中消费者权益保护的法律问题》，《法制博览》（中旬刊）2013年第2期。

王燕：《我国电子商务中消费者权益保护问题研究》，《江南论坛》2012年第7期。

（作者：李冬静）

浅析公共视频监控与隐私保护的关系

一　引言

随着视频图像处理技术的日臻成熟，成本的快速下降，视频监控普及应用成为可能，且在公共安全管理领域尤其普遍。特别是在2005年，英国警方利用成熟完善的视频监控系统快速侦破伦敦公交车及地铁站爆炸案，将视频监控服务公共安全的成效推上新高度，引起各国政府对视频监控的重视，我国也不例外。无论是政府部门，还是社会单位，对视频监控都非常青睐，除了常见的公安监控外，还有林业部门侦测火情的监控，水利部门用来监测水位的监控等，可以说监控被用在了各行各业，从人员密集区到人烟稀少区，从陆地到水上，视频监控的数量越来越多，安装密度也越来越大。但是，正如任何事物均有两面性一样，视频监控无序的建设，必然会对公民隐私权益造成威胁，如深圳罗湖监控“直播”居民隐私事件，让公众对视频监控有了新认识。我们既不能因噎废食，也不能无视侵害的发生，需要通过各种措施、手段，促进视频监控与隐私保护的和谐发展，预防和减少侵害隐私事件的发生。

二　公共场所视频监控的界定

考虑到安装视频监控的场所各不相同，依据进出场所限制或约束程度不同，把安装视频监控的场所分为私有场所（空间）和公共场所（空间）。私有场所的视频监控本就安装在私密空间，记录的内容基本都会涉及隐私信息，因此文章仅讨论公共场所的视频监控与隐私权益的相互关系。

（一）公共场所的界定

探讨公共场所的视频监控，首先需要界定公共场所的内涵。研究的侧重点不同，对公共场所的定义也存在差异。张新宝教授认为，公共场所是指根据该场所的所有者（或者占有者）的意愿，用于公共大众进行活动的空间。宋占生先生认为，公共场所是公众可以任意逗留、集会、游览或利用的场所。百度百科则将公共场所解释为公众从事社会生活的各种场所的总称。笔者认为，文章中的公共场所是相对私有场所而言的，那么可以认为非私有场所就是公共场所。依据场所开放性、共享性程度高低，将公共场所划分为完全开放公共场所、相对封闭公共场所、封闭公共场所三类。完全开放的公共场所是指完全开放的场所，也就是没有任何约束、限制，任何人在任何时间都可以直接进入，如马路、广场等；相对封闭的公共场所是指相对开放，具有一定共享性的场所，也就是指对进入有一定限制的场所，形成相对封闭的空间，如采用会员制的高尔夫球场、中小学校等；封闭的公共场所是指对进入场所的人员有严格限制，或者临时性独占的空间，前者如公共卫生间，后者如商场的试衣间。

（二）公共场所视频监控界定

公共场所视频监控界定看似简单，从字面上理解，安装在公共场所的视频监控就是公共场所视频监控，但不同理论有不同侧重点。有的学者认为，公共视频监控系统，也称为“开放型闭路监控系统”，主要是指监控公共区域，并且由代表公共机构的人员进行管理的一类视频监控系统，与私有监控系统对立。笔者则认为，公共场所的视频监控是指为了公共权益，利用视频技术，探测、监视公共场所，并实时显示、记录现场情况的电子信息系统。可以从三方面理解，第一是安装的位置，也就是“设防区域”为公共场所。如果公权力为了特定目的，将视频监控安装于私有空间，那么也不能称为公共场所视频监控。第二是监控是公开的，一方面安装是公开进行的，非秘密安装，另一方面是告知公众，该区域已安装视频监控。第三是服务于公共权益，安装视频监控是为了公众权益，而不是为了个人的权益，如个人为了非公共权益的特定目的，在公共场所安装监控，就不应认定为公共视频监控。

三　公共场所的隐私界定

（一）隐私的界定

1890 年，美国法学家沃伦（Warren）和布兰代斯（Brandeis）在《哈佛法律评论》上发表标题为《隐私权》的文章，首次正式提出了隐私权概念，且定义为一种独处的权利。隐私权概念虽然出现得比较晚，但在短短的一百多年间，逐渐获得人们的认可，内容也不断丰富、细化，先后纳入各国法律，甚至制定专门的法典，如美国 1974 年制定的《隐私权法》。隐私权受时期、民族文化、生活习俗的影响，内容也不断演变，无论是普通公民，还是专家学者，对隐私权的认识都是仁者见仁、智者见智。在我国，张新宝先生认为，隐私权是指公民享有的私人生活安宁与私人信息依法受到保护，不被他人非法侵扰、知悉、搜集、利用和公开等的一种人格权。民法学家彭万林先生认为，隐私权是指公民不愿公开或让他人知悉个人秘密的权利。王利明先生则认为，隐私权是自然人享有的对其个人的、与公共利益无关的个人信息、私人活动和私有领域进行支配的一种人格权。虽然学术界对隐私权的定义有所不同，但对其两个特性还是普遍认同的，一是隐私权的权利主体是自然人；二是隐私权保护的是个人信息与秘密，并且这种信息与公共权益无关。

（二）公共场所的隐私权益界定

在二十世纪八十年代以前，无论是理论界，还是司法界，普遍认为公共场所不存在隐私利益。即使在二十世纪六七十年代，对隐私保护比较重视的英美等发达国家，也普遍认为公共场所不存在隐私，如1960年美国著名教授威廉·普洛塞尔认为，在公共街道或者其他公共场所是没有隐私权的，只要别人仅是跟随、拍照，都不构成对隐私的侵害。但随着科技设备、互联网络的普及，在公共场所不恰当地摄像和使用监控录像，恶意偷拍，不负责任地传播、转发，就会发生侵害隐私事件。此类事件不仅引发社会广泛的关注、讨论，给当事人造成不良影响，还会引发公众对本人隐私权被侵害的担忧。无论从产生发展过程，还是从内容来看，在公共场所的环境下，也是存在隐私权的，这样的观点被越来越多的公众认可、接受。

依照上述公共场所的分类，下面分别探讨它们的隐私权益。①完全开放公共场所，该类场所开放、共享程度高，不仅人群数量大，而且可以随时随地自由出入，认为不存在隐私，如果在这些场所中故意暴露隐私信息，是当事人自陷风险的行为，不应认定为侵害隐私权，如地铁摸胸、接吻被记录了，就不应认定是侵权行为。②封闭公共场所，这类场所开放程度极低，进入有严格限制，公民隐私信息理应受到法律保护，如火车站的母婴室、商场的试衣间。③相对封闭公共场所，该类场所中对进入的人有一定限制，场所中的公民并不愿意完全暴露在公众或他人的视野下，隐私权益介于二者之间，如在学校教室上课的师生，一般情况不想暴露上课状态，但是有的学校师生对上课情形抱着无所谓的态度。

四 公共场所视频监控与隐私保护的关系

公共场所的视频监控与隐私保护，是存在于同一空间的两样事物，二者争夺“存在”空间，必然会产生一定冲突。在公共场所安装视频监控的目的，一方面可实时查看公共场所现场情况，及时发现、预防和制止违法犯罪；另一方面翔实记录公共场所的所有情况，达到事后追查，打击违法犯罪，实现公共安全的效果。而隐私保护则是避免被其他人发现原本不想暴露的信息或行为。说得简单点，就是视频监控是“想知道”，可能这种“想知道”并不是针对隐私，而隐私保护是“不想让知道”，二者在一定范围内产生了矛盾或冲突。

（一）公共场所视频监控侵害公民隐私权益

随着视频监控技术不断发展，视频监控产品的平民化，在关键点位或核心点位布置大量视频监控成为可能。这些监控不仅会记录违法犯罪行为，也会记录公民的正常行为，包括含有隐私信息的行为。在英国甚至还出现视频和音频的联动记录，任何不当言论、隐私话题都可能被清晰地记录在系统中，公共场所的隐私就可能被侵犯。

隐私权信息被记录并不可怕，可怕的是在媒体高度发达的现代社会，隐私信息被泄露。这样的信息就像癌细胞一样，迅速蔓延到整个互联网络，最后无法控制，给当事人生活造成不良影响，从而严重侵害隐私权益。

（二）公共场所的隐私保护对公共视频监控的影响

在各类文献中，极少提到公共场所隐私保护对公共场所视频监控的影响。虽然在规范的文件中，多是指导在什么地方安装监控，很少提及哪些地方不能安装监控，但是在实践中，隐私保护不仅会影响视频监控布点选择，而且会影响视频监控选型。这样的考虑在技防论证中体现得更明显，如在小区技防论证中，专家考虑到隐私保护，对球型视频监控可能会侵犯隐私的，就会考虑用筒型的替代球型的，或用长焦距的替换短焦距的；考虑到火车母婴室内涉及隐私保护，会在门口安装监控而非内部。

（三）公共场所视频监控与隐私保护的关系

公共场所的视频监控和公共场所的隐私保护，都是以公共场所为前提条件，因此公共场所的分类不同决定了二者之间的关系也不同。

下文从公共场所视频监控布点的角度出发，探讨二者的关系。在完全开放公共场所环境下，视频监控的布点，是不应该考虑隐私保护的，仅应考虑的是视频监控会不会被改变服务公共安全的初衷，被调整到非敞开式的场所或私有场所，非法获取设计时不得获取的信息，如深圳罗湖监控“直播”居民隐私事件。在这里，监控布点的时候是不考虑隐私保护的，如果当事人在该类型的场所中暴露隐私，是当事人自陷风险的行为。但是并不是说，获取了隐私信息，就可以公开。相对封闭公共场所，该类型的场所中视频监控是否布点，主要是比较公共安全与隐私保护的重要性。如果公共安全风险高，就需要布置视频监控；如果公共安全风险低，很少发生危害事件，那么隐私保护更重要一些，则要尽量减少布点，甚至不布点，或者采用外围包围核心的方式。公共安全与隐私保护成反比关系，如图 1 所示。公共安全越重要，安装的视频监控就会越多，隐私权益的保护就会越少；反之，隐私权益受保护的程度就会越大。封闭公共场所，除特殊原因外，尽量不安装视频监控。

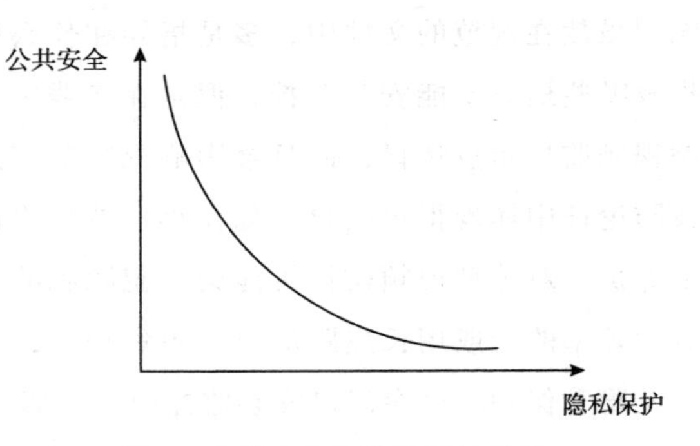

图 1　公共安全与隐私保护关系

从隐私保护的角度出发，可以分两个层面讨论，一个层面是如何避免获取隐私，在视频监控布点设计时候就要考虑，这些点位是否能获取隐私信息，并且在视频监控范围边界区域张贴告示牌，告知注意保护隐私；另一个层面是防止隐私信息泄露，不管怎么防范，公共视频监控不可避免地会获取到公民的隐私信息，且对公民隐私权益产生潜在的侵害。那么，在获取了隐私信息后，可以通过技术手段、规范管理、监管等措施，保护已获取的隐私信息。

五　公共场所视频监控环境中的隐私保护

在公共场所大量布置视频监控不仅是服务公众的需要，也是打击违法犯罪、遏制恐怖活动的必然，但是大量布建视频监控，与隐私保护发生冲突在所难免。笔者建议通过以下几方面解决。

（一）合理布点，源头控制

在公共场所视频监控设计或建设过程中，会遇到与隐私保护冲突的问题。许多专家、学者建议采用立法或制定规章，甚至是采用审批、许可的方式，约束公共场所视频监控建设。在这些解决方式中，尤其是采用审批的方式，与现行的简政放权政策相违背。在公共场所的设计或选择监控点位，与隐私保护冲突时，可采用公共场所分类解决的模式，尤其是在相对封闭公共场所，对可能引起争议的点位，要借助各种媒体发布公告，收集社会意见，实现对点位的告知，最后通过论证会的形式，确定安装点位。

（二）加强技术研究，以科技手段解决问题

在公共场所布建视频监控，虽按照布点建设原则可以减少侵犯隐私的视频监控点位，为了预防犯罪和维护公共安全的需要，不可能不建，但建设了又会侵犯隐私或者与隐私保护相冲突。在这些必须布建的点位，可以利用视频加密遮隐的技术，不仅可模糊画面关键信息，实时保护隐私内容，还可以对记录的数据加密，在未经授权的情况下，使视频监控信息无法还原，从而达到隐私保护的效果。这样的技术已经有大量的专家、学者在研究，早在 2004 年，维卡马苏亚（J. Wickarmasuriya）就提出了保护视频监控系统中的隐私信息，彭许红提出了利用数字水印技术保护与隐藏监控视频中的隐私信息。

（三）完善管理制度，明确权责

对于公共视频监控信息而言，虽然好的布点和技术控制很重要，但关键还是靠人。因此需要有完善的管理制度，以及严格执行规定的人员。

1. 明确公共场所视频监控的权责主体

权责主体不明，必然会造成管理混乱，发生侵权时，当事人互相推诿、扯皮，无法有效追究当事人责任，震慑、阻止类似事

件发生。有的学者认为公共视频的责任主体是安装主体。笔者认为应以应用和管理者为权责主体。一般情况下，建设主体和应用管理主体是一致的，但是在实践中，就出现了大量建设主体和应用管理主体不一致的情况，如将公共视频监控作为道路建设的配套工程进行建设，建成后交由公安应用管理。另外，应用管理的人员比较多，且侵害隐私事件多是发生在应用阶段，因此公共视频监控的权责主体是应用管理者。权责主体明确了，才能有效落实各项规定，敦促这些权责主体在管理公共视频监控信息时切实保护好公民隐私。在发生侵害公民隐私信息时，根据视频信息可以很快找到相应的责任主体。

2. 制定切实可行的法律法规

2006 年北京就颁布了《北京市公共安全视频图像信息公共管理系统办法》来规范、约束公共场所的视频监控建设，但是大部分规章制定的初衷主要是增加监控数量，覆盖公共区域，而很少涉及调整、规范公民隐私保护和建设的关系。虽然从现在来看，上述规定存在瑕疵，但在当时，公共视频监控数量比较少，能接触到的人更少，也少有侵犯公民隐私的事件被曝出。现在可以说遍地都是视频监控，随便哪个城市，走几步就可以看到一个视频监控，如 2015 年广州市已有 49.9 万个视频监控。随着公共场所的视频监控数量越来越多，覆盖范围越来越广，其与隐私保护的冲突越来越尖锐，就需要制定法律法规来调整二者之间的关系，指导公共场所视频监控建设，同时为侵害行为提供法律救济的渠道。

3. 加强人员培训，提升职业素养

对于公共场所视频监控信息而言，怎样防范带有隐私信息的图像泄露是隐私保护的最后一道屏障。一般情况下，最有可能泄露图像信息的群体是警察和值守视频监控的安保人员。而警察由于其工作性质，日常的培训、警示教育等措施，具有较强的责任和保密意识。安保行业工资待遇低，人员流动性比较大，素质也参差不齐，需经过专业的技能培训，掌握专业的知识技能，具备良好的职业道德素质，培训合格领证上岗。未经过严格培训和没有上岗证的社会人员难以确保公共视频监控安防目的的实现，更无法确保不滥用监控信息。因此，只有警察和经培训合格的安保人员，才能更好地保障监控安防目的的实现和公民隐私的安全。

六　总结

公共场所安装监控在社会管理、震慑控制犯罪活动、维护公共安全等方面起到的重要作用毋庸置疑，但不加约束的建设，必然会导致侵害公民隐私权益时有发生，阻碍公共视频监控的建设。这需要对公共场所划分，从初期视频监控布点设计、产品选型，到建设监督，再到后期应用管理进行规范和利益分配，以防侵犯公民隐私权，保证公共视频监控与隐私保护和谐发展。

参考文献

马平新：《从伦敦地铁爆炸案谈视频图像处理过程》，《广西警官高等专科学校学报》2005 年第 4 期。

薛毅：《公共安全视频监控中隐私权保护的立法》，《法制与社会》2012 年第 7 期。

张新宝：《隐私权的法律保护》，群众出版社，2004。

宋占生主编：《中国公安百科全书》，吉林大学出版社，1989。

李晓明：《公共视频监控系统与隐私保护的法律规制——以上海世博会为视角》，《华东政法大学学报》2009 年第 1 期。

赵匹灵：《技防图像信息资料管理与使用中的法律问题》，《中国公共安全·安防与法》2007 年第 10 期。

彭许红等：《基于可逆水印的监控视频隐私信息保护与隐藏》，《小型微型计算机系统》，2014 年 6 月。

广州市公安局科技通信处课题组：《关于进一步加强广州市视频监控系统建设的对策》，《广东公安科技》2015 年第 3 期。

Wickramasuriya J, Datt M, et al. Privacy protecting data collection in media spaces [C]. *ACM International Conference on Multimedia*, New York, 2004: 48 - 55.

（作者：刘林强）

基于事务分类的安全模型

一　概述

网络的普及大大地方便了人们的生活，网络安全问题越来越受到人们的重视。互联网中实际运行的 TCP/IP 协议族，在其设计之初并没有考虑到那么多的安全问题，这为今天的网络威胁埋下了隐患。ISO 组织定义了五个安全服务功能，包括身份认证服务、数据保密服务、数据完整性服务、不可否认性服务和访问控制服务。为了提供上述安全服务，前人已经进行了很多研究，取得了很多研究成果，安全模型就是其最重要成果之一。人们已经提出了很多安全模型，但是这些安全模型大体上可分为两类，一类更多地关注底层实现的细节，如：访问控制矩阵，更多地关注读、写和执行等具体操作；另一类则更多地关注最终的用户，如：基于角色的访问控制，把用户划分成不同的角色，根据角色的不同授予不同的权限，执行对应的操作。而实际上，无论是底层操作还是顶层用户都不是我们重点关注的对象，我们更关心的是用户利用系统处理了哪些事务。事务的正确、安全的执行并达到相应的目的才是我们追求的目标。基于这种思想本文提出了一种新的安全模型。本模型把事务分成三类，从而构造了一种既能够保证用户的私密性又能够保证系统的安全性的安全模型。

我们把用户的事务分为三类：私密事务、公开事务、公共事务。私密事务是由单个用户完成的操作，事务的执行过程不需要其他用户的协作，事务的执行结果不需要向其他用户通报，也不会对其他用户造成影响，该类事务是为了更好地提供私密性保护。公开事务也是单个用户可以执行该类事务，与第一种类型相比，不同之处是，该类事务在执行前、执行中及执行后需要及时公布相应信息。公共事务是单个用户无法执行，必须有多个甚至全部用户的参与或允许才可以进行的。该类事务一般是那些安全级别极高，涉及面广，影响极大的事务，类似于以往模型中的“绝对可信主体”执行的操作。由于公共事务要求多个用户共同完成，可以防止单个用户的误操作对系统造成巨大损害，可以防止单个用户的反悔和抵赖，使模型具有很好的安全性和抗抵赖性。

在现实生活中也同样存在类似的三类事务，如一般职员上班时，首先输入自己的用户名和密码，登录到系统，修改自己的系统登录密码，这属于用户个人的事情，不会对其他用户造成影响，该事务属于我们这里定义的私密事务；当其做好相关准备开始办公，通知与他有业务关系的同事和客户，可以开始办公了，该事务就属于模型中的公开事务；某些重要事情需要管理层集体讨论后才能决定并执行，该类事务就是我们这里定义的公共事务。

在信息系统的使用过程中也同样存在类似的事务分类。用户处理自己的私密文件的事务是不需要也没有必要向外泄露任何信息的，属于私密事务；用户更改自己对外提供服务的接口是需要通知对应的用户的，该类事务属于公开事务；用户更换应用系统就需要涉及的所有部门的参与才能完成，该事务就属于模型中的公共事务。

二　模型设计

本文用到的符号：

U ：表示用户集，$U = \{u_k \mid k = 1,2,\cdots,n; u_k$ 表示第 k 个用户$\}$

O ：表示对象集，$O = \{o_k \mid k = 1,2,\cdots,n; o_k$ 表示第 k 个客体$\}$

M ：表示操作集，$M = \{m_{ij} \mid i = 1,2,\cdots,n, j = 1,2,\cdots,l; m_{ij}$ 表示用户 u_i 对客体 o_j 的一次操作$\}$

E 表示事件集，$E = \{e_i \mid e_i = m^i_{k_1j_1} m^i_{k_2j_2} \cdots m^i_{k_mj_n}, m^i_{k_mj_n} \in M$，其中 i,j,k,m,n 均为自然数$\}$，上式表明一个事务实际上是一些操作的序列。

S 表示状态集，$S = \{s_i \mid i = 1, 2, \cdots, n, s_i$ 表示系统的某一状态$\}$。

定义 1：

操作 m_{ij} 是安全操作，当且仅当在 m_{ij} 的作用下，系统从安全状态 s_1 转移到状态 s_2，s_2 状态仍然是安全的。

定义 2：

事务 e_i 是安全事务，当且仅当在组成事务 e_i 的操作序列中所有操作均为安全操作。

显然经过安全事务 e_i 后，系统状态从安全状态 s_0 转变到 s_1，则状态 s_1 仍然是安全状态；若 s_1 不是安全状态，则必存在某一操作 m' 属于 e_i 使得系统从安全状态转移到了某个非安全状态，这显然与安全事务的定义相矛盾，所以系统在 s_1 时仍然处于安全状态。

对于操作集 M，每个操作 m 由两部分组成，$m = [con, ope]$，其中 con 表示执行该操作所必须满足的条件，ope 表示系统中具体实施的单步操作，根据 con 的不同可以把操作集分成三类，即 $M = M_1 \cup M_2 \cup M_3$，$M_1$ 表示私密操作，所谓私密操作是指 con 规定，该操作只需要一个用户即可完成，不需要其他用户的协助，也没必要通知其他用户将要执行该项操作，及该操作的结果；M_2 表示公开操作，该操作仍然是只由一个用户独立完成，与 M_1 不同的是，用户需要在该操作进行前、操作过程中及操作结束后通知其他用户；M_3 表示公共操作，该操作必须由多个用户甚至全部用户共同完成。

有了对操作的划分，我们进一步对事务集 E 进行讨论，$E = E_1 \cup E_2 \cup E_3$，其中 E_1 表示私密事务集，若 E_1 中事务 e 的操作序列中全部为私密操作，则 e 为私密事务；E_2 表示公开事务集，若 E_2 中事务 e 所包括的操作序列至少有一个操作为公开操作，则 e 为公开事务；E_3 表示公共事务集，若 E_3 中事务 e 所包括的操作序列至少有一个操作为公共操作，则 e 为公共事务。

至此这里的模型可以简单描述如下：

$$model = U \times E \times O$$

$$\text{其中 } E = M \times M \times \cdots \times M \tag{1}$$

如图 1 所示，模型的运行过程中，当系统要进行某项任务时，首先根据任务特点，把任务分解成不同的事务，若事务 $e \ni E_1$，则对应的用户 u 可以独立完成该事务，不需要通知其他用户，也不需要用户的协作，私密事务的存在更好地保证用户及其执行事务的私密性；若 $e \ni E_2$，对应的用户 u 可以单独完成该项事务，与 $e \ni E_1$ 不同之处是，对该事务的执行需要将必要信息通知其他用户，公开事务即在一定程度上保证了用户的私密性也在一定程度上增强了系统的安全性；若 $e \ni E_3$，则单个用户 u 无法进行事务的操作，u 要执行该项事务，首先请求其他用户共同完成，若得到其他用户的合作，则可共同完成该事务，公共事务的存在最大限度地保证了系统的安全性，而不关注用户私密性。

三　安全性分析

引理 1：对于给定的一个单步命令系统，初始状态 s_0，存在一个算法，可以判定系统对于一个一般意义的权限 r 是否可靠。

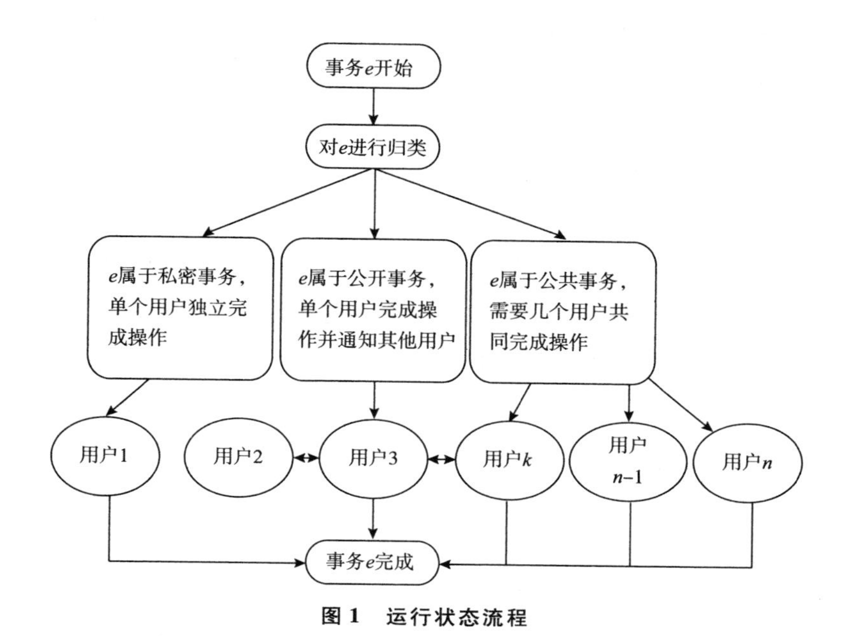

图 1　运行状态流程

引理 1 在第四条参考文献中有比较详细的论述，给出了详细的证明过程，这里不再重复。由引理 1 可知，我们系统中操作 m 的 ope 是可以判定是否可靠的，加上限制条件 con，使得 ope 的应用范围更小，当然存在一种方法可以判定操作 m 是否可靠。

引理 2：单调单亲模型比单调多亲模型有更少的表达能力。

第五条参考文献中给出了引理 2 的详细证明过程。我们的模型中公共事务并非完全由单个用户完成，而是需要多个甚至全部用户的共同参与，由引理 2 可知，这里的模型当然可以具有更好的表达能力，故而能对各种事务进行更详细的刻画，可以提供更高的安全保护。

引理 3：在一个受保护的系统中，一个给定状态对于一个基本权限是否可靠是无法判定的。

引理 3 的证明采用反证法，任意一个图灵机可以归纳成为一个可靠性问题，把图灵机进入最终状态对应到给定基本权限的泄露，如果某一个可靠问题是可以判定的，则图灵机停机问题也是可以判定的，但是这个结论是不成立的。

引理3告诉我们，如果单纯只从系统的状态是无法判定系统是否可靠的，故而本文从一个全新的角度来描述安全性以及私密性。若某一事务是私密事务，则一个用户独立可完成，该事务不会向其他任何用户泄露该用户进行该项事务操作的任何信息，故而能够很好地保护用户的隐私，具有很好的私密性；而对于公共事务需要多个用户的协作，向其他用户泄露了某用户进行该项事务操作的信息，故而具有较低的私密性，而正是由于多个用户的参与大大提高了系统的安全性。

引理4：对于一个事务存在一种算法，能够在有限的时间内判定其为安全的。

证明：一个事务 e 可以看成一个用户 u、操作对象 o 和安全操作 m 的笛卡尔积，对于一个确定的系统来说，用户和操作对象都是有限的。安全操作 m，对于以下条件1的描述，可以判定对应的安全操作，m 是有限的；事务集是用户、操作对象和安全操作的笛卡尔积，用户、操作对象和安全操作都是有限集，事务集是一个有限集，事务 e 是有限集中的元素，故存在一种算法，可在有限时间内判定其为安全的。

条件1：系统在某个状态下，大多数或全部用户都认为是安全的操作，我们就认为是安全的操作。

引理3已经告诉我们，单纯从系统的状态判断其可靠性是困难的，但是这里的某个状态是存在的，如系统初始化的状态；这里的大多数和全部用户是根据该事务的安全等级来确定的，如系统初始状态的所有参数配置要求必须所有用户都参与才可以进行，此时系统具有最高的安全等级，这样的操作是安全操作；若某一时刻系统的全部用户都不可靠，则系统已经没有了存在的必要；两个不同用户进行通信或合作时，它们所组成的实体会使用一种全新的安全策略，且这种策略是建立在这两个实体的安全策略之上，要求同时满足两个实体的安全性，当然具有更高的安全性。

条件 2：存在一种算法，能判定把事务 e 归为某类事务，这里的某类事务是指私密事务、公开事务或公共事务。

由定义可知，事务的分类最终归结为有限个有序的操作序列的分类，对于单个操作，由引理 1 可以判定其是安全的，由归纳可知事务可以判定其安全性，根据安全策略，可以把该事务归为某类具体事务中，若策略要求安全级别较高，则可以归为公共事务，以保证其安全性；如果策略要求私密性较高，则可以把其归为私密事务以便更好地保护用户的隐私。

故而有结论 1：本文的安全模型可以提供更高级别的安全保护，能够实现安全性与私密性的平衡。

本模型定义了三类事务，当然存在三类事务的转化问题，由定义可知，私密事务、公开事务和公共事务的安全性依次增强，而其私密性逐渐降低。若一个事务属于私密事务，则该事务的执行只需某一用户即可完成，当然可以更好地保护事务和用户的私密性，但由于只有一个用户可以进行该操作，其安全性和抗抵赖性就相对较差；若私密事务转换为公开事务或公共事务，该事务的成功操作就受到多个用户的安全限制，故而可以提供更高的安全性，但是却牺牲了事务和用户的私密性。

从上面分析可得结论 2：某一事务从私密事务转换为公开事务、公共事务，其安全性和抗抵赖性依次增强，而事务和用户的私密性逐渐降低；反之则私密性增强而安全性和抗抵赖性减弱。

四　该模型与其他安全模型的对比

安全模型研究已经进行了很长时间，已经提出了很多有价值的模型，比较有代表意义的有：基于访问控制矩阵的安全模型、BLP模型、基于角色的访问控制模型、基于信息流模型等，关于这些模型的具体讨论大家可以查看相关文献，表1只从安全性方面与本模型进行对比。

表1　几种安全模型的安全性对比

安全模型	私密性	多级安全性	抗抵赖性
访问控制矩阵	√	×	×
BLP模型	√	√	×
基于角色的访问控制模型	√	√	×
基于信息流的模型	√	√	×
本模型	√	√	√

五　结束语

本文从一个全新的角度，定义了一个全新的安全模型。本文只进行了理论可行性和系统的安全性的论述，没有具体到某个应用，主要是因为，不同环境安全策略差别比较大，具体问题需要进一步具体分析，如本模型可以应用于医院患者相关信息的保护，但具体的实现还要做进一步的设计。

参考文献

何建波、卿斯汉、王超：《对两个改进的BLP模型的分析》，《软件学报》2007年第6期。

沈海波、洪帆：《访问控制模型研究综述》，《计算机应用研究》2005年第6期。

G. Graham and P. Dening, Protection—Principles and Pratice, Spring Joint Conference, AFIPS comference Proceedings 40, pp. 417－429（1972）.

M. Harrrison, W. Ruzzo, and J. Ullman, Protection in operating systems Communications of the ACM 19 (8), pp. 461 -471 (Oct. 1976).

P. Ammann, R. Sandho, and R. Lipton, The Expressive Power of MultiParent Creation in Monotonic Access Control Models, *Journal of Computer Security* 4 (2, 3), pp. 149 - 166 (Dec. 1996).

D. Bell and L. LaPadula, Secure Computer System: Mathematical Foundations, Technical Report MTR - 2547, Vol. I, MITRE Corporation, Bedford, MA (Mar. 1973).

Xiaoming Ma, Zhiyong Feng, Chao Xu, Jiafang Wang. A Trust - based Access Control with Feedback [J]. *2008 International Symposiums on Information Processing*. 2008 - 12.

（作者：宋法根）

后　记

本书收集的文章为研究小组长期以来的一系列研究成果。随着网络信息技术的迅猛发展和对信息安全问题研究的深入，新的观点、新的方法不断出现，我们也将持续跟踪国内和国际相关领域的前沿动态。

参与本书编纂的研究小组成员包括顾晓丹、赵洁、青平、孙银霞、李冬静、徐堃、刘林强、宋法根。

图书在版编目（CIP）数据

网络与信息安全问题研究 / 蒋平主编. --北京：社会科学文献出版社，2018.1

ISBN 978 - 7 - 5201 - 1738 - 8

Ⅰ.①网… Ⅱ.①蒋… Ⅲ.①计算机网络 - 信息安全 - 研究 Ⅳ.①TP393.08

中国版本图书馆 CIP 数据核字（2017）第 273159 号

网络与信息安全问题研究

主　　编 / 蒋　平
副 主 编 / 孙银霞

出 版 人 / 谢寿光
项目统筹 / 许春山
责任编辑 / 王珊珊

出　　版 / 社会科学文献出版社 · 教育分社（010）59367278
地址：北京市北三环中路甲 29 号院华龙大厦　邮编：100029
网址：www.ssap.com.cn
发　　行 / 市场营销中心（010）59367081　59367018
印　　装 / 北京季蜂印刷有限公司

规　　格 / 开　本：787mm × 1092mm　1/16
印　张：16.75　字　数：211 千字
版　　次 / 2018 年 1 月第 1 版　2018 年 1 月第 1 次印刷
书　　号 / ISBN 978 - 7 - 5201 - 1738 - 8
定　　价 / 48.00 元

本书如有印装质量问题，请与读者服务中心（010 - 59367028）联系